U0286337

高等院校艺术设计专业课程实验教材

乡村环境设计

傅隐鸿　主编

中国建筑工业出版社

图书在版编目（CIP）数据

乡村环境设计 / 傅隐鸿主编 . -- 北京：中国建筑
工业出版社，2025.1. --（高等院校艺术设计专业课程
实验教材）. -- ISBN 978-7-112-30616-9

Ⅰ. TU982.29

中国国家版本馆 CIP 数据核字第 2024BQ6957 号

《乡村环境设计》主要围绕乡村环境设计进行叙述，将乡村环境作为一个综合性课题来进行研究探讨。介绍了乡村环境的特征，乡村环境设计的相关概念；乡村环境的种类及原则，运用环境设计的多种方法，对不同类型环境进行设计创新；乡村环境改造的基本流程；将乡村环境根据设计对象分为乡村规划设计、乡村景观设计、新乡土建筑及室内设计四个部分进行阐述。本教材侧重设计的实操性，应用大量出色的实际案例，呈现出现在乡村环境提升的水平。本教材将用于环境设计、景观设计、室内设计、风景园林、规划设计等相关专业的乡村环境类课程，并为乡村环境设计相关从业人员提供指导。

责任编辑：吴　绫
文字编辑：孙　硕
责任校对：赵　力

高等院校艺术设计专业课程实验教材
乡村环境设计
傅隐鸿　主编
*
中国建筑工业出版社出版、发行（北京海淀三里河路9号）
各地新华书店、建筑书店经销
北京雅盈中佳图文设计公司制版
建工社（河北）印刷有限公司印刷
*
开本：787毫米×1092毫米　1/16　印张：15¼　字数：306千字
2025年2月第一版　2025年2月第一次印刷
定价：**68.00**元
ISBN 978-7-112-30616-9
　　　（44083）

序

　　作为中华传统文化的重要载体，中国乡村有着深厚的历史积淀和独特的地域特色，其价值不仅体现在对传统文化的传承与保护上，更在于其对现代文明的启迪与绵延。

　　乡村自然环境，以其宁静和谐、风貌优美、景观丰富和生态多样而著称，为人们提供心灵的慰藉和文明的滋养。乡村的人文环境以其淳朴的民风、丰富的民俗活动和深厚的文化底蕴，展现了人与自然和谐共生的智慧。因此，乡村文化与环境的保护和发展，对于维护文化多元化、促进生态文明建设具有重要意义。

　　乡村环境是推动乡村振兴的重要力量。浙江省的乡村环境提升，是一次史无前例的大变革。自 2003 年开启"千村示范、万村整治"工程即"千万工程"以来，秉承改善农村生态环境、提高农民生活质量为核心的村庄综合整治行动，不仅改善了乡村的村容村貌和生态环境，促进乡村经济发展，提高农民生活品质，更转变了数千年来乡村农民的思想理念和环境意识，实现了从美丽乡村到美丽经济的跨越式发展，深受社会各界的好评和国际机构的首肯，2018 年浙江省乡村环境整治工程荣获联合国地球卫士奖。

　　乡村环境设计不仅是一种设计手段，更是一种工作责任和使命。中国的设计师以独特的视角和创新思维，为乡村经济发展和社会进步提供了新的动力和路径。在保护乡村文化遗产的同时，积极探索乡村经济发展新路径，为乡村现代化转型提供强有力的技术支撑。乡村环境的可持续发展是乡村环境设计的重要一环。乡村环境设计不仅要满足当前的需求，更要考虑到未来的长远发展。本教材提供了大量乡村可持续发展的理论和实践，包括生态保护、资源利用、社会进步等内容。我们希望，通过这些内容的学习和讨论，能更好地帮助人们理解乡村可持续发展的重要性，掌握实现乡村永续发展的方法与策略。

《乡村环境设计》不仅涵盖了乡村设计的理论和方法，还通过大量的案例分析，展示了乡村设计的实践和效果。这些案例，既有成功的经验，也有失败的教训，为人们提供了全方位的视角和启示。希望通过这些案例的分析和讨论，帮助读者更好地理解乡村环境的特点和价值，掌握改善乡村环境的方法和技巧，并特别强调了设计的创新性和实用性。因此，书中提供的大量实践案例，包括乡村规划、建筑设计、景观设计、室内设计等方面，以及在实际操作中遇到的挑战和问题，更提供了解决问题的思路和方法。

基于浙江省乡村设计丰富实践的《乡村环境设计》，为广大师生和实践者们提供了系统的学习资料和参考价值，乡村设计的科学方法和实践技巧，将为我国乡村的可持续发展和进步做出更大的贡献。

中国风景园林学会资深专家
浙江省风景园林学会理事长

2024 年 11 月 6 日于杭州

前言

　　乡村，是中华文明的摇篮，是亿万人的家园。在时代的洪流中，乡村不仅是传统意义上的农耕之地，还承载着丰富的历史文脉、独特的自然景观和深厚的乡土情感。然而，在城市化进程加速的今天，乡村面临着前所未有的挑战与机遇。一方面，乡村需要跟上时代的步伐，改善人居环境，适应现代生活、工作的需求；另一方面，乡村又要保护传统文化和自然环境，避免过度开发和破坏。因此，乡村环境设计不仅是一项技术工作，更应充满智慧与责任。

　　随着乡村振兴的深入推进，乡村环境设计作为连接传统与现代、自然与人文的桥梁，其重要性日益凸显。从"千万工程"到"两山理论"，乡村环境得到了从上到下的重视，美丽乡村已不再只是一个美好的愿望。乡村在发展的过程中，十分渴望热爱乡村又具有相关专业知识的人才。在这样的背景下，编写了这本《乡村环境设计》，旨在提供一本既具理论深度又富实践指导意义的教材。

　　长久以来环境设计教学的视线主要放在城市地区，对于乡村环境关注较少，随着中国乡村这几年的快速发展，乡村环境从简单的环境整治到和美乡村建设，整体环境有了显著提升，乡村设计有着广阔的前景和需求，这对教师的教学工作提出了新的要求。此书的编写希望从理论梳理，到设计实践，对乡村环境有一个较为全面的思考，为乡村环境的设计者、乡村管理者、对中国乡村感兴趣的人群，提供指导和参考。

　　本书从乡村概述入手，带领读者走进乡村的广阔天地，了解乡村的历史、文化、自然环境和经济社会现状；深入探讨了乡村振兴的相关政策，分析了政策背后的逻辑和意图，为设计实践提供了有力的政策支撑；同时，通过对乡村风貌的详细解析，使读者了解到乡村风貌的多样性、独特性和地域性；总结出乡村环境设计的类型与原则，以及改造流程。

本书的设计实践部分包括规划、景观、建筑室内三个部分，遵循规划先行，从整体到局部开始，将着眼点放在村庄的层级。在乡村规划部分，介绍了规划的基本理论和方法，展示了规划在乡村发展中的应用和效果；在乡村景观部分，则着重强调了景观与生态、文化、经济的融合，探讨了如何利用乡村特有的景观资源，发展景观环境建设；乡村室内作为乡村环境设计的延伸，同样具有不可忽视的重要性，立足于新乡土建筑，将乡村的传统建筑与现代设计、生活方式相结合，提出了乡村室内设计的类型和方法。

本书在编写过程中注重理论与实践的结合。不仅在理论上进行了深入的探讨和研究，还通过大量的实践案例进行了解读，剖析了如何在设计中保护和传承乡村风貌，试图寻找一条适合乡村环境发展的路径，使乡村在保留其特色的同时焕发新生。实践案例既有成功的经验分享，也有失败的教训总结，旨在为读者提供更为全面和实用的指导。

本书由跨专业的编写团队完成，关乐、刘嘉媛、丁康乐、吴恺老师参与了教材的编写，研究生任晨煜、祝银璐、朱文彬参与了本书的资料编辑整理工作。

本书的编写得到了相关领导、同仁的指导，感谢浙江省风景园林学会对本书的支持，感谢施德法理事长的关心和指导；感谢公和设计集团有限公司规划建筑创作中心负责人钟雨龙、中国美术学院风景建筑设计研究总院有限公司景观负责人张挺、浙江浙建工程设计有限公司规划院院长孟琳琳的大力支持。

最后，希望本书能够为高等院校环境设计、风景园林设计、乡村旅游规划、城乡规划等相关专业的师生，以及乡村管理人员提供一个全面了解乡村环境设计的机会，为学习和实践提供有益的指导和参考。同时，我们也期待更多的专家学者和业界人士能够加入到乡村环境设计的行列中来，共同为乡村振兴贡献智慧和力量。

傅隐鸿

2024 年 7 月于杭州

目录

第一部分

设 计 理 论

第一章

认识乡村

本章概述

本章着重介绍乡村的特点、乡村环境的相关概念。乡村环境设计是一个新兴的研究领域，加之环境设计含义的丰富性以及专业学科研究的角度不同，目前有关乡村环境设计还没有统一的定义。对其相关概念的阐述，目的不仅是对"乡村环境设计"概念做出合理的界定，更重要的是理解其深刻的内涵，以及与之相关的问题。

学习要点及目标

1.认识乡村环境，理解乡村环境的特点。

2.了解乡村环境的发展历程，掌握乡村环境的基本问题。

3.探寻未来乡村环境设计的发展趋势。

核心概念

乡村、中国乡村环境

课程思政内容及融入点

通过本章对乡村环境有初步认识，感受到乡村发展，理解传统乡土文化，感受乡土文明。理解乡村振兴战略，培养学生的家国情怀和社会责任感，鼓励他们为乡村的可持续发展贡献力量。

第一节　乡村的概念

一、乡村的起源

乡村（Rural Area）从字面上看是由"乡"和"村"组成。从社会学的角度，"乡"（Township）是中国县级以下的行政区划，也被引申为家乡的意思。"村"（Village）指的是中国城镇以外的居住点，是群众性自治单位，多由一个家族聚居形成，居民在当地从事农林牧渔业或手工业。"乡"通常由几个村构成。"乡"和"村"不仅存在行政管辖的隶属关系，而且还反映了社会结构，但是"乡村"的概念并不完全是"乡"和"村"的概念叠加。

中国自古以来便存在城乡之分，早期"城"和"市"区分明显。随着各个王朝的兴衰更替，城市规划有据可查且日益完善。中国作为农业大国，农民数量众多，乡村作为主要居住区，其规划却迟迟得不到妥善调整。历史原因占很大比重，国家早期重点聚焦于城市的规划。随着我国的经济发展水平提高，人民从只局限于对温饱的追求转变为对生活品质的追求，"城""乡"发展极度不平衡的问题日益突出，国家对于乡村的规划也愈加重视。

2008 年，多部委同时制定了《统计上划分城乡的规定》，原则上以国务院批准的行政建制单位和行政区划作为划分对象，即对国家批准的市辖区、县级市、县和街道、镇、乡的行政区域进行划分，以政府驻地实际建设的连接状况为依据，以居委会、村委会为基本划分单元，将中国区域划分为城镇和乡村。其中，城镇包括城区和镇区，乡村包括乡中心区和村庄。

因此，"乡村"（Rural Area）是相对于城市化地区而言的，指非城市化地区，严格地讲，是指城镇（包括直辖市、建制市和建制镇）规划区（Planning Area）以外的地区，是一个空间地域和社会的综合体，一般不包括没有人类活动或人类活动较少的荒野和无人区。乡村环境设计中的"乡村"是指狭义的"乡村"概念，讨论的是乡村居民的生产环境、生活环境以及生态环境。

乡村是一个历史的、动态的概念。从目前来看，随着中国城市化水平不断提高，"乡村"地域空间范围呈现缩小的趋势。英国文化研究学者雷蒙德·威廉姆斯（Raymond Williams）在《乡村与城市》一书中曾提出这样的看法："很明显的，一般将乡村视为一个过去的意象，而将城市普遍看成是一个未来的意象……于是，如果我们将它们区分开来，剩下的是一个未被识别的现在。"从这段话中，可以看出不论是乡村或城市的定义都是在变化的，并不能把乡村和城市完全分隔开，只是为了明确乡村设计的地域空间范围。因为，无论社会如何发展、城市如何扩张，乡村都将在一定的地域范围内存在。

二、不同学科对乡村概念的界定

不同学科对"乡村"有着不同的界定和含义，但都涉及自然与人文的融合、传统与现代的交融等方面。不同的学科对于"乡村"这一概念有着独特的理解和划分标准。

从地理学角度看，乡村是与城市相对的地理概念，主要是指人类生活和生产活动的地域实体。地理学家在研究乡村时，主要关注的是乡村的土地利用方式。维伯莱（G.P.Wibberley）认为，乡村指的是那些土地利用呈现出粗放且在土地上留下粗放利用的迹象的地区。乡村不仅是农业生产的场所，也是乡村工业、交通运输业、旅游业等活动的场所。"乡村环境"是指乡村地区所处的地理环境，包括地理位置及与之相关的各种自然条件的总和。乡村聚落、乡村文化等都有着强烈的地域性特点和演化规律。

乡村地理学以农村区域为研究对象，致力于研究乡村地区的经济、社会、人口、聚落、文化、资源利用及环境问题的空间变化，主要进行乡村资源的综合评价和开发利用研究。包括乡村土地利用和经济结构的空间变化研究；乡村地域类型和功能分区的研究；乡村聚落的合理布局和乡村城镇化的研究；乡村生态环境的研究；乡村聚落、经济、文化教育、交通、环境等方面的总体规划等。

从社会学角度看，乡村是一种社会结构形式，具有特定的社会关系、风俗习惯和价值观念。乡村起源于人类由采集、渔猎进入农耕阶段开始定居的原始农业时期。随着生产力的提升，出现了社会分工，从事手工业和商业的人口向城市集中，从事农业的人口留在乡村。所以，乡村的特征是人口密度低，居住较分散；大多以农为业，家族聚居，成员间相互协作，多有血缘关系。这一领域的代表著作有社会学家费孝通的《乡土中国》，涉及乡土社会人文环境、传统社会结构、权力分配、道德体系、法礼、血缘地缘等各方面。

从景观生态设计学角度看，"乡村"可以被定义为以农业和农村活动为主导的土地利用类型。这种景观通常包括农田、果园、牧场、村庄、池塘和自然植被等元素。这些元素在地形和土壤的背景下以不同的格局和连接方式分布，形成具有独特结构和功能的景观。乡村是一种自然与人文融合的景观类型，具有独特的景观元素和美感，从而发展出乡村景观生态学。这门学科是涵盖了生态学、景观规划、农业科学、地理学和环境科学的综合性学科。其研究内容主要是乡村景观的结构、功能、演变和管理。乡村景观结构，包括研究乡村景观的组成元素、空间布局和相互关系。例如，农田、村庄、森林、河流等元素在景观中的分布，以及生态关系。乡村景观的功能，包括研究乡村景观的生态服务功能，如水源保护、土壤保持、生物多样性保护等，以及研究这些功能如何影响人类生活和社会经济发展。乡村景观的演变，包括研究乡村景观的历史演变过程，以及影响这些过程的自然和人为因素。例如，气候变化、农业技术进步、人口迁移等如何影响乡村景观的演变。乡村景观的管理，包括研究如何通过规划、设计和管理乡村景观，以实现其可持续和协调发展。例如，如何通过土地利用规划、生态保护措施和社区参与等方式，提高乡村景观的生态和社会经济价值，从而更好地理解生态和社会经济过程，制定出更有成效的乡村发展策略，对乡村环境进行保护，促进农业生产和改善当地人的生活质量，促进乡村经济发展。

从城市规划学角度看，乡村是与城市对应的一种地域概念，通常被定义为与城市地区相对的地理区域，指的是人口密度低，土地利用以农业和自然植被为主的地方。

尽管不同的学科对"乡村"概念理解的角度、深度和广度不一样，有一点是一致的，就是通过乡村与城市的对比去理解与把握乡村的本质，这反映了乡村是与城市相较而存在的。正因如此，这就涉及城市与乡村的划分，但是，似乎大家都在回避这个问题。然而，城乡之间的划分有其必要性和现实性。长期以来，城乡划分没有统一的标准，行政区划、城乡建设规划、城乡人口管理和城乡统计的口径各不相同。缺乏统一的协调和规范的问题，一直影响着不同部门之间的工作协调。

三、乡村环境的界定

乡村环境的概念迄今尚无清晰明确的定义，主要原因在于其所包含的领域非常广，不仅是要考虑"乡村"的规模，更要考虑其在文化、景观、经济等方面的影响，无法从单一维度进行界定，但是古今中外有非常多的学者对乡村空间有自己的理解。我国有学者提出，乡村空间是城市空间的相对物，在大地景观的集合体中，乡村空间与城市空间相互镶嵌，互为补集。[①] 城市空间是人类聚落空间的高级形式，而乡村空间既包括乡村聚落空间（村庄与集镇），也包括作为农业生产要素的耕地、园地以及作为区域生态基质的林地、水体等。简言之，城市空间就是城市聚落空间，乡村空间则包括了乡村聚落空间和区域内整个自然环境。

乡村环境包含的内容丰富，包括该区域范围内的土地、大气、水、动植物、交通、道路、设施、构筑物等。乡村环境的概念和范围因地区和国家的不同而异，但通常包括与农村地区相关的自然和人为因素。随着农村人口增长和经济的发展，乡村环境也面临诸多问题，如生态环境被破坏，人与自然的平衡被打破等。因此，加强乡村环境保护和治理，推动农村可持续发展已成为当前中国政府和社会各界关注的重点。

在设计专业中，环境设计主要研究人居环境的设计，涵盖建筑技术、人文科学以及景观等领域，进行室内外的人居环境研究与实践。乡村环境主要指的是乡村的

---

① 章莉莉，陈晓华，储金龙 . 我国乡村空间规划研究综述 [J]. 池州学院学报，2010，24（6）：61-67.

景观环境、乡村建筑环境和乡村室内环境，本书所涉及的乡村环境主要指的就是这部分内容。

第二节　国外乡村建设与发展

乡村在各国通常是居民以农林牧渔业主导的经济活动的聚落的总称，具有人口密度低的特点。不同的国家由于地理环境、气候、生活习惯等因素的不同，乡村环境也有着巨大的差异。在发达国家城乡差异相对较小，高水平建设的乡村往往有着发达的乡村产业，良好的乡村环境、丰富的生态资源、完善的公共设施、幸福的乡村居民，其生活水平与城镇居民不相上下。

一、美国

美国的乡村景观以其广阔、开放和自然的特点而备受青睐。这里自然环境与景观资源丰富，涵盖山脉、平原、河流、湖泊、森林、草原等多种形态。从北至南，气候条件各有不同，这些自然景观为乡村带来了丰富的自然资源和生态福利，也为乡村旅游和野外探险提供了极好的条件。美式风格在空间方面，其场地空间面积通常比中国大；颜色搭配方面，大多以自然或者原木色为主，散发着乡村特色氛围。总体而言，更加接近自然。

美国乡村以农业为主导产业，农业生产在乡村经济中占据重要地位。高度规模化和专业化的农业生产方式，使美国农业在全球范围内极具竞争力。此外，美国乡村还积极发展畜牧业、林业等产业，形成了多元化的经济结构。这种产业特点使得乡村居民能够依托丰富的自然资源，实现经济繁荣和可持续发展。

美国乡村注重保护传统文化，如民间音乐、手工艺、乡村婚礼等。乡村居民相比城市居民保留了更多的传统生活方式和价值观念，在乡村建筑、艺术、民俗等方面多有体现。同时，乡村也在不断地发展与变化，与现代文化元素进行融合，形成新兴的乡村文化，逐步适应社会的发展。

美国乡村景观是美国文化和历史的重要组成部分。尽管乡村地区正面临着诸多挑战，但是乡村地区的自然美和文化价值仍然是其最大优势。通过采取适当的政策和措施，可以帮助乡村地区重新焕发生机，为美国的经济和社会发展带来新的机遇。在工业化时代背景下，城市化进程加速，乡村以较为原始的自然风光、淳朴民风作为主要卖点吸引游客。美国乡村旅游高度重视生态环境，以农业、自然生态环境为基础，以乡村独有的民风民俗、乡村风景为特色，着眼于以保护自然生态为主的可持续发展（图1-1）。

图 1-1　美国乡村

二、德国

　　德国地处欧洲中部，面积约 35 万平方千米，德国乡村景观的最大特色是生态环境优良。在近 8200 万的人口中，约有 50% 人住在乡村。并且农村与城市的距离几乎都在 0.5 ~ 1.0 小时车程，没有绝对意义上的乡村与城市。德国拥有广袤的森林与河流，整体的景观给人的印象比较严谨，突出功能性。在保护与合理利用资源的同时，德国人更尊重生态环境。据统计，德国森林面积为 10.9 万平方千米，森林覆盖率常年达到 30% 以上。乡村不仅作为农作物的生产地，还在保护物种多样性、提供乡村度假等方面发挥着重要作用，被称为天然氧吧。

　　由于战争因素的影响，德国乡村的演变主要从第二次世界大战后开始。第二次世界大战后，德国经济迅速发展，城乡差距逐渐扩大，推进城市与乡村协调有序发展成为德国社会的重要问题。

　　德国乡村发展选择了与城市不同的生态模式，呈现出城乡互不干涉的发展状态。在战后重建时期，乡村与城市同步进行基础设施建设，乡村发展并未过多消耗乡村生态资源。再加上完备的生态保护宣传教育与政策法规，德国生态成了乡村最大吸引力。德国乡村的生态环境建设取得了显著成效，每年有众多游客前来体验纯天然的自然景观，享受清新的空气和绿水青山。德国美丽乡村景观背后，是政府常年对生态优先发展理念的把控，从而形成了显著的乡村景观特征（图 1-2）。

三、日本

　　日本与我国同属东亚地区，在文化、社会发展等方面有相似与共通之处。从最开始的植被恢复到山里建设，日本政府和民间组织在乡村环境营建投入巨大。例如，日本政府在 2004 年颁布《景观法》，设立了关于乡村建设管理的专门法规。此后更好地整合了社会资源，促进了乡村景观方面的研究，组建"农村建筑研讨会""日本建筑学会农村计划委员会"等组织，从积极方面开展当时作为边缘学科的乡村景观

图 1-2　德国乡村

规划研究活动。

　　日本乡村景观强调人与自然和谐共生，具有鲜明的自然地域特色和浓厚的乡土人文属性，文化景观是其重要组成部分，充分体现了浓郁的地方风情。如拥有丰富的水系与多样化的动植物资源；具有四季变化丰富和以植被与土地为主体的温和景观；具有人性化尺度的营造物和以当地材料为主、统一协调的村落景观；具有年代美和历史性的景观遗产。

　　日本的乡村文化体现在传统建筑、民俗活动、乡村艺术等多个方面。乡村地区保留了不少传统寺庙、神社和传统民居，展现出日本传统建筑风格和工艺的精髓。例如，京都的庭园寺庙、奈良的古代遗址和岩手县的传统民居村落，都是乡村景观中的瑰宝。此外，许多乡村地区还保留了丰富的传统工艺和文化活动。乡村艺术也是日本乡村文化的重要组成部分，如茶道、花道、漆器、陶瓷、和服制作等，为乡村增添了独特的艺术氛围。

　　日本乡村景观展现了一种和谐的人文环境和乡村生活方式。乡村地区通常以慢节奏和亲近自然的生活方式著称。乡村居民之间通常拥有亲密的社交关系和强烈的共同体精神。此外，乡村地区还提供了丰富的农产品和农村生活体验活动，让人们能够亲身参与耕种、农作物采摘、制作传统食品等活动，感受乡村生活的趣味性和丰富性。这种和谐的人文环境和乡村生活方式吸引着许多人前往乡村旅游，体验自然与人文的交融。

　　日本乡村环境具有独特的自然条件、产业特色和文化底蕴。凭借乡村旅游和环保事业，日本乡村景观成为独具魅力的旅游目的地，备受国内外游客的瞩目与欣赏。

　　日本乡村聚落规模较小，一般分布于丘陵山麓周围，地势起伏，台地较多。独特的地理环境和崇尚自然的文化认同，促使日本乡村建筑与自然有机融合，成为乡村景观中乡土气息浓厚的一道风景。民居建筑一般分为传统建筑与现代建筑两种类型。公共建筑中，除去必要的管理基础设施外，最具有日本特色的便是神社建筑。同日本其他建筑一样，为减少地震带来的破坏，日本乡村民居建筑一般为 2~3 层，

图1-3　日本乡村

建筑材料以日本乡土材料为主，多为木结构。其建筑风格较为优雅朴素，因为日本传统建筑的优美之处主要在于整体比例的协调和完整，而非装饰的华丽。从整体建筑风格上来看，日本乡村建筑仍然延续传统建筑的主要风格，以大屋顶建筑为主。但与中国古典建筑不同的是，日本传统乡村建筑多使用较为平缓的曲线，在彰显鲜明的民族特色的同时也具有美学上的创造性（图1-3）。

第三节　我国乡村建设与发展

一、古代农村的环境发展

中国很早就进入了农耕社会，村落的产生有十分悠久的历史，其发展历程可以追溯到古代。古时候人们对于自然的态度极为特殊，他们敬畏自然、尊重自然，并依靠自然而生存。人类早期都是巢居穴处的，生存环境十分恶劣，既不方便又时刻伴随着危险，难以生存。随着生产力的发展，改造自身生存环境的需求变得至关重要。根据马斯洛的需求层次理论，人类首先要解决的就是生存和安全问题。随着人类社会的发展，一开始人们只需要解决基本的居住条件；后来这些已远远不能够满足他们的需求，人们开始不断追求于居住环境的更多功能和美观性，这不仅体现在建筑上的美观，也包括周围环境的美观和协调。人类居住地的选择，在很大程度上受到周边自然环境的影响和制约。

史前村落遗址，比如河姆渡遗址是新石器时代遗址的代表。从发掘的遗址来看，河姆渡文化已经展现出了独特的发展规律、布局、建筑特点，以及人们改造环境的活动。当时已经形成了大小各异的村落，这些村落依水而建，既便于农业生产，又方便生活取水，特别是方便种植水稻等作物。这一发现成了中国水稻栽培起源的最佳例证。村落之间可能通过水路或陆路进行联系，形成了一个相对独立的网络。在这样的地理位置下，先民们采用了干栏式建筑的房屋形式，这种建筑具有防潮、防蛇、防虫等功能，适应了江南地区潮湿多雨的气候特点。同时，干栏式建筑也是中国长江以南新石器时代以来的重要建筑形式之一，河姆渡文化的发现为研究这一地区的建筑历史提供了重要资料。

秦汉至唐宋时期（公元前221年至1279年），精耕细作的农业技术得到了显著的发展，伴随着土地资源的深度开发与有效利用。在这一历史阶段，华北平原以及长江中下游的江南地区成为农业发展的中心地带。农业技术的进步推动了精耕细作农业模式的普及，特别是在江南地区，水稻种植技术的革新与水利设施的完善，极大地提升了农业生产效率，促进了农村环境的综合改善与提升。

汉代村落基本上都分布在河流旁边的平面地带上，如三杨庄遗址就位于黄河古道的周围。秦汉两朝在农村基层的管理上实行乡里制度，乡村民众集中居住在一处，村落大多以聚、丘、里为名，我们泛称它们为里居。总体来说，从史前到汉代，先民们选择的住所大多聚集在临近小河的平地上。

三国时期的坞垒堡壁是从汉末沿袭下来的居住形式。东汉末年至三国时期战争频繁，农村乡里制度就难以维持，延续已久的里居形态也遭到了严重破坏。东晋、南朝虽然相对安定，但在政权交界区域，战争对乡村住所的破坏巨大，农民很难安居乐业，因此需要建造防御工事来进行防护。

宋代乡村聚落建筑密度较低，建筑院落的边界为篱墙，建筑多低矮，色彩大多为黄褐色，少部分为黑色。建筑隐藏在自然环境中，与四周相互呼应。景观中的树木包括竹子、柳树等，竹子主要在村庄的交会处，柳树多与亭子、水景搭配，竹子分布较广，丛林使村落中的建筑若隐若现，营造出典雅静穆的氛围。院落中的树木多采用对植方式栽种，既和谐对称，又有遮阴避暑的效果（图1-4）。

元朝时期的乡村与以前朝代相比有所不同，乡村中经常会有戏剧演出，既能丰富村民的休闲生活，又能让文化得以传播，因而乡村逐渐发展成了文化之地。在北方的农村，推行村社制。村社是以自然村落为基础所组成的民间乡村组织（图1-5）。

图1-4　清明上河图（局部）

图 1-5　富春山居图（局部）

　　明代的乡村建筑风格严谨、工丽、清秀、典雅，具有江南艺术的风范。大多数的民居使用青灰色的砖墙瓦顶，梁枋门窗多为本色木面，显得十分雅致。建筑结构多采用木结构和砖石结构相结合的方式，屋檐翘起，飞檐翘角，檐下挑出的木雕、石雕装饰丰富多样。江西省上饶市婺源县篁岭村建于明代中叶，有着 500 多年历史。民居围绕水口呈扇形梯状错落排布，建筑风格独特。目前村庄还保留着明清时期的风貌（图 1-6）。

　　清朝时期，农民的活动范围往往最远不过方圆几十里，他们的一生都固定在这样的环境中。一个普通的村子大约有十户到上百户人家，一般 12~18 个村子中间会有一个集镇，以促进各个村子之间相互联系，互通有无。集镇中还会有茶馆、寺庙等。

图 1-6　江西省上饶市婺源篁岭村

二、中华人民共和国成立以后乡村的发展

自 1976 年后，我国的乡村规划与建设历程经历了巨大变革。土地改革制度的实施，打破了封建土地所有制的桎梏，解放了农村的生产力，农民的生活品质因此得到了显著提升。然而，此阶段的乡村环境改善工作却未得到重视。国家从农业中汲取大量的剩余资源，用于支撑城市与重工业的蓬勃发展。这促使农民开始寻求打破传统小农经济下的分散居住模式，合作社乃至后来更为集中的人民公社应运而生。为了满足人民公社建设的迫切需求，建筑部门积极组织大量专业设计人员深入乡村，这标志着"设计下乡"活动的首次实施，为乡村规划与建设注入了新的活力。这一时期的规划与建筑设计主要是为了提高农业生产效率、汲取农业剩余，而非单纯为了改善农民的生活。

1978 年起，国家将工作重心转向社会主义现代化建设，并开始实行改革开放政策。同年，小岗村 18 户农民签订了"包产到户"协议。这一创新性的举措成为历史的转折点。家庭联产承包责任制开始实施，释放了大量剩余劳动力，推动了乡村经济结构的转变，使其从单一的农业生产向工业化发展。这一变革为乡村带来了勃勃生机，呈现出一片繁荣的景象。随着乡村进入工业化发展阶段，农民的生产积极性得到了显著提高。以村办企业为核心的乡村经济展现出强大的活力，进一步增强了中国乡土生活共同体的凝聚力，实现了农村经济的持续发展。1985 年，中央 1 号文件将市场经济引入农村，这引发了关于乡村规划发展方向的讨论。人们开始探讨是应以集镇为中心进行网络式发展，还是应该"就点论点"地发展农村。最终，形成了村镇体系的观点，这一体系由集镇、中心村和基层村三个层次组成，并根据产业特点形成不同性质的网络组织。

乡村建设逐渐从单一的农宅建筑单体设计转向对乡村整体性的规划与发展。1983 年，《建筑学报》报道了全国范围内的村镇规划竞赛。此后，各地纷纷举办当地的村镇规划竞赛，共同探讨如何实现乡村规划的合理布局、因地制宜、节约耕地，并传承地方特色，对乡村发展、乡村环境设计等领域也展开了深入研究，为乡村发展奠定了坚实的基础。

《中国传统民居建筑》一书，对民居的研究从单一的建筑特点转变为从地域、文化、历史变迁等多角度的研究，传统村落研究取得了一定的成就。

随着农民经济水平不断提升，对居住条件的需求也日益增长，自建房迅速兴起，乡村营造活动发展迅速。然而，由于高速的建造活动，引发了房屋质量、乱占耕地建房等问题。为切实改善农民居住环境，引导农民合理建房，建工部组织专业技术人员进行农宅设计工作。1979 年，全国第一次农村房屋建设工作会议召开，确定把农村房屋建设作为乡村建设的重点，并在国家建委设立农村房屋建设

办公室，指导全国农村房屋建设工作。此时，设计行业的市场化并未形成，广大设计人员积极响应国家号召，踊跃参与乡村营建实践。20世纪80年代举办了大量农村住宅设计竞赛，为广大乡村住宅提供了参考，推进乡村建筑的部分标准化建设（图1-7）。

改革开放后，随着物质生活水平的提高，农民渴望改善生活和生产环境。因此，对传统民居进行改革已成为必然趋势。以胶东地区的农村住宅为例，改革后的农宅平面发生了显著变化。以节约土地占用为目的，宅基地进行了压缩，层次精简，这有利于生产和生活的便利。传统的多层次的四合院逐渐消失，取而代之的是一进院落的设计。这种设计摒弃了过去的前庭、中庭、后院式等几进院落、几道院门，住宅院内的布局也发生了变化。为了解决"三大堆"（土、粪、柴草堆）问题，改善环境卫生，住宅内设有库房、贮藏、厕所、猪圈、鸡窝、柴草堆、土堆以及沼气池等设施。为更好地解决附属设施与住房的关系，院落组织需进行合理规划，住宅建筑平面布局也需发生变化。厨房逐渐成为独立空间，位置从堂屋移至正房端部。起居室、会客室和餐室的功能也开始独立设置。传统民居改革不仅解决了村镇现存的功能布局不合理、土地浪费、生活不便等问题，还进行了近期和远期规划，合理调整布局，改善道路交通穿过居住区的状况，加强环境绿化。新建住宅也考虑了多种类型，保持了富有乡土性的集镇风貌。

随着城镇化的迅猛发展，乡村中的古建筑遭受到了不同程度的破坏。在经济发达地区，存在对旧镇旧村进行盲目改造，导致历史文化遗产遭到开发性破坏的问题；在经济落后地区，农民将古建筑的部件拆卸下来进行售卖，使部分历史文化资源受到破坏。为了应对这些问题，2002年，建设部开展了第一批历史文化名镇（名村）的评选工作，第一批全国历史文化名镇（名村）共10个镇、12个村。之后，国家又评选了若干批次的历史文化名镇名村、传统村落名录。

图1-7　1980年全国乡村住宅设计竞赛方案[1]
（图片来源：建筑学报）

---

[1]　朱芯贞，刘松涛. 1980年全国乡村住宅设计竞赛天津三号方案（全国农村住宅设计方案竞赛作品选登）[J]. 建筑学报，1981，（10）：3-19.

三、现代乡村的发展与政策

近年来中国大力发展乡村，农业经济持续稳定增长，主要农产品供应充裕，农业基础设施建设成就突出，农村人居环境显著改善，为促进经济社会健康发展发挥了"压舱石"作用。一系列相关政策出台，不但使农村经济得以发展，更是让乡村环境也有了翻天覆地的变化。

1. 乡村相关政策

（1）美丽中国

党的十八大报告中明确指出：建设生态文明，是关系人民福祉，关乎民族未来的长远大计。必须把生态文明建设放在突出地位,融入经济建设、政治建设、文化建设、社会建设各方面和全过程，努力建设美丽中国，实现中华民族永续发展。乡村建设是实施乡村振兴战略的重要任务,也是国家现代化建设的重要内容。党的十八大以来，农村人居环境整治三年行动如期完成，村庄基础设施显著改善，乡村面貌发生巨大变化。同时，我国农村基础设施和公共服务体系在往村覆盖、向户延伸方面还存在明显薄弱环节。制定、出台方案，对扎实推进乡村建设行动、进一步提升乡村宜居宜业水平具有重要指导意义。

（2）乡村振兴

2017 年，党的十九大报告提出要实施"乡村振兴战略"，要坚持农业农村优先发展，按照产业兴旺、生态宜居、乡风文明、治理有效、生活富裕的总要求，建立健全城乡融合发展体制机制和政策体系。

（3）宜居宜业，和美乡村

党的二十大报告指出全面建设社会主义现代化国家，最艰巨最繁重的任务依然在农村，统筹乡村基础设施和公共服务布局，建设宜居宜业和美乡村。同时提出坚持农业农村优先发展，坚持城乡融合发展，畅通城乡要素流动。这表明既要建设现代化繁华城市，也要建设现代化繁荣乡村，促进城乡发展水平差距不断缩小。这不仅为乡村振兴指明了前进方向，也描绘了亿万农民美好生活的蓝图。

2. 十八大以来乡村建设取得的成就

（1）农业环境提升

农业是乡村的核心，农业环境的提升是乡村发展的基础。党的十八大以来，中国大力推进高标准农田建设，加强农业科技创新，推广现代化农业装备，使得农业生产效率大幅提升。通过实施化肥农药零增长行动，推广生态种植、养殖模式，使农业面源污染得到有效控制，农田生态环境明显改善。

（2）公共设施改善

乡村公共设施的完善是乡村发展的重要标志。党的十八大以来，乡村道路、供水、供电、通信等基础设施得到了全面改善。特别是乡村道路的硬化和拓宽，使得农民出行更加方便，也带动了乡村经济的发展。同时，完善了学校、卫生所等公共服务设施，农民的基本公共服务保障能力明显提升。

（3）人居环境改善

人居环境的改善是乡村建设的重中之重。通过农村人居环境整治行动，农村垃圾、污水污染得到了有效治理，农村卫生环境得到了明显提升。同时，危房改造、安全住房保障等措施，改善了农民的居住条件。此外，开展的美丽宜居示范村创建活动，打造了一批环境优美、生态宜居的美丽乡村。

（4）自然环境保护

在乡村建设中，自然环境保护也是不可或缺的一环。退耕还林、水土保持等措施，有效保护和修复了乡村地区的生态环境。同时，在乡村地区推广使用清洁能源，减少了对环境的污染。此外，开展的大规模生态修复工程，恢复了众多的荒山荒地，提高了乡村的生态服务功能。

（5）传统村落保护

传统村落是中国乡村的宝贵遗产，也是文化传承的重要载体。党的十八大以来，中国加强了对传统村落的保护力度。通过制定传统村落保护名录、开展传统建筑修缮、传承非物质文化遗产等方式，使传统村落得到了有效保护和活化利用。这不仅保留了乡村的历史文化脉络，也为乡村旅游等产业的发展提供了有力支撑。

四、浙江省乡村发展概况

浙江地区地貌为"七山一水两分田"，是我国农、林、牧、渔全面发展的综合性农业区。历史上孕育了以河姆渡文化、良渚文化为代表的农业文化。全省农村产业门类齐全，集体经济实力强，农民富裕富足，农村建设水平高，这些都为浙江省的乡村环境营造创造了良好的条件。

一直以来，历届省委、省政府都高度重视农业农村发展，积极推进农业农村改革，深入贯彻乡村振兴战略，农业农村经济呈现了持续快速发展态势。2003年6月，时任浙江省委书记的习近平同志在广泛深入调查研究基础上，立足浙江省情农情和发展阶段特征，准确把握经济社会发展规律和必然趋势，审时度势，高瞻远瞩，作出了实施"千万工程"的战略决策。他提出从全省近4万个村庄中选择1万个左右的行政村进行全面整治，其中1000个左右的中心村建设成为全面小康示范村。至此，"千万工程"进入"千村示范，万村整治"的第一阶段，乡村开启了以改善农村生态环境、提高农民生活质量为核心的农村整治建设大行动，致力于从美丽生态到美丽经济、美好生活，一些乡村率先成为"全面小康建设示范村"。

2005年8月15日，习近平同志到浙江省安吉余村调研时提出"绿水青山就是金山银山"的生态环保理念，即两山理论。过去既要绿水青山，又要金山银山，实际上绿水青山就是金山银山。浙江省在2010年提出建设美丽乡村，并专门制定了《浙江省美丽乡村建设行动计划（2011—2015年）》。

2013年5月，浙江省第十二届人民代表大会第一次会议政府工作报告中明确表示，浙江省要狠抓城乡建设和管理，建设美丽城镇和美丽乡村。党的十八大以来，美丽中国成为社会各界关注的新词。作为美丽中国的重要部分，2013年浙江省的政府工作报告中首次提出要建设美丽浙江，全面推进美丽浙江建设。

2014年5月23日，浙江省委第十三届五次全会通过《中共浙江省委关于建设美丽浙江创造美好生活的决定》。决定指出建设美丽浙江，创造美好生活的重大意义、总体要求、主要目标和重点工作。2015年4月，浙江省委出台了《浙江省人民政府关于加快特色小镇规划建设的指导意见》，对特色小镇的创建程序、政策措施等作出了规划。

2017年，浙江正式出台全域旅游示范线、A级景区、村庄等创建标准。到2020年，浙江省要让1万个村变成A级以上景区，其中1000个成为AAA级景区。同年6月，浙江省第14次党代会提出实施大花园建设行动纲要。

2018年9月，"千万工程"以扎实的农村人居环境整治工作和生态宜居的美丽乡村建设成就获得联合国环保最高荣誉"地球卫士奖"。"千万工程"获得"地球卫士奖"中的"激励与行动奖"。"千万工程"是环境保护与经济发展同行的成功实践。联合国环境署的颁奖词这样说道：中国浙江"千村示范、万村整治"工程扎实推进，美丽乡村建设效果显著，将昔日污染严重的黑臭河流改造成潺潺流水清晰可见，赢得了"激励与行动类"特别奖项。这一极为成功的生态修复项目表明，让环境保护与经济发展同行，将产生变革性力量。"千万工程"为世界认同，具有世界意义，标志着中国农村走向世界。

2019年5月，中共中央办公厅、国务院办公厅印发《数字乡村发展战略纲要》，明确将数字乡村作为乡村振兴的战略方向，加快信息化建设，整体带动和提升农业农村现代化发展水平。

2021年5月，中共中央、国务院《关于支持浙江高质量发展建设共同富裕示范区的意见》发布，这是以习近平同志为核心的党中央作出的一项重大决定。2021年，浙江省在杭州、丽水等地率先开展未来乡村的试点基础上，进一步总结建设经验，将未来乡村建设上升成为省级战略，并先后出台了《浙江省未来乡村建设指导意见》《浙江省未来乡村建设导则（试用）》等文件，标志着全省开始系统地开展未来乡村的建设工作。

2022 年 5 月，浙江发布《2022 年高质量和推进乡村全面振兴实施意见》，加强党对"三农"工作的全面领导。坚持稳中求进工作总基调，牢牢守住保障国家粮食安全和不发生规模性返贫两条底线，按照数字赋能、变革重塑要求，联动推进农村"双强"、乡村建设、农民共富三大行动，打造有浙江辨识度的标志性成果，坚持擦亮浙江"三农"金名片，加快建设农业农村现代化先进省，为高质量发展、建设共同富裕示范区夯实基础。

截至 2023 年 7 月，浙江省已创建美丽乡村示范县 70 个、示范乡镇 724 个、风景线 743 条、特色精品村 2170 个、美丽庭院 300 多万户，形成"一户一处景，一村一幅画，一线一风景，一县一品牌"的浙江美丽大花园。

第四节 乡村环境设计发展遇到的问题

一、乡村环境城镇化

乡村环境有别于城市环境，关键在于其所具有的历史价值、乡土特色和民俗文化是城市环境所无法替代的。随着乡村建设的推进，村庄新建、改建、扩建项目日益增加，基础服务设施和公共服务设施也日趋完善，乡村逐渐享有同城市一样的便利。但由于项目仓促启动，设计方缺乏对乡村的了解，乡村管理人员过度求新求大，"宽马路""大广场""新洋房"等城市化设施的涌入，打破由地域、历史、文化形成的别具一格的乡村环境，对乡土特色造成了巨大的冲击。

二、乡村环境缺乏地域文化特色

乡村环境是乡村建设的重要内容。在乡村振兴战略的大政策下，乡村环境开始改善，但是由于乡村环境设计仍处在初级阶段，容易形成项目匆忙上马、乡村设计风格千篇一律、形式过于单一、当地特色挖掘缺乏深度、模仿痕迹明显等问题。自然的河道驳岸被水泥土取代，特色乡土植物被同质化取代。

三、乡村环境与乡村其他方面的矛盾

过去长期由于重视经济发展，而忽视了对环境的关注，乡村发展大多靠资源换取，致使部分产业的发展与乡村环境的发展形成了矛盾。农村环境污染问题仍是全面建成小康社会的短板，存在非规模畜禽养殖、污染治理设施配套不足、环境监管缺失、资源利用效率不高、污染物排放控制和环境风险防控不强等问题。同时，随

着城市化进程的推进，部分产业的下移到乡村，也影响到了农村环境的发展。当代人的生活居住需求和生活审美喜好与传统的乡村环境存在一定的矛盾。

四、对乡村环境设计重视不够

乡村环境设计的内容繁杂，项目周期长，然而社会资本参与积极性不高，政府财政补贴力度有限，导致乡村环境设计要么流于形式，要么不够彻底，根本原因在于缺乏对乡村环境设计的重视。更有甚者，在缺乏专业人员的指导的情况下，跳过专业设计环节仓促上马项目，最终导致项目实施后不能达到预期效果。

复习与思考

1. 思考乡村环境设计与城市设计有哪些区别。

2. 谈谈你对乡村环境设计的理解和看法。

3. 谈谈你对乡村环境发展趋势的看法。

课堂实训

1. 查找资料并结合自身感受，谈谈中国的乡村环境。

2. 查找资料，挑选一个优秀的乡村环境设计案例进行分析。

第二章

乡村环境设计相关概念

本章概述

本章节主要学习乡村环境设计过程中的相关概念，包括乡村聚落形态、乡村空间、生态环境、乡村产业、乡土文化和乡土材料。旨在认识不同乡村聚落形态和空间，在保护和发展乡村生态环境的同时挖掘乡村产业特色，了解乡土文化的内容以及文化传承的重要性，并在具体乡村设计中合理运用乡土材料。

学习要点及目标

1. 认识不同乡村聚落的基本内容，掌握乡村空间的概念。

2. 学习生态环境理论知识，掌握乡村生态环境原则。

3. 了解乡土文化在乡村中的具体体现，领会乡土文化传承的重要性。

4. 认识乡村环境建设所常用的材料，学习巧妙使用乡土材料。

核心概念

聚落形态与空间、环境保护与发展、文化传承、材料运用

课程思政内容及融入点

乡村聚落景观和空间发展的整体内涵体现为形态、行为和文化的统一，通过对乡村聚落形态与空间深入学习，了解乡村蓬勃发展的历程，增强民族自信。

国家政府部门大力倡导生态保育，乡村地域的生态功能持续提升。在乡村景观生态环境的学习中，了解生态景观规划的原则，提高学生保护环境的责任心和乡村发展的担当，引导学生融合生态知识和文化背景进行创新。

乡土文化具有鲜明的地域特点和深厚的历史底蕴，学习乡土文化有助于学生在乡村设计过程中增强弘扬乡土文化的意识，肩负起乡村文化传承的责任。这既有利于继承和发扬我国传统文化、彰显民族精神，也是乡村振兴战略的重要组成部分。

在具体乡村设计的过程中，应兼顾乡土性和当代设计及审美的要求。通过传统材料的使用传承传统农耕文化底蕴、弘扬生态文明理念，从而不断优化学生的价值观。

第一节 乡村聚落

一、乡村聚落概念

乡村聚落，通常被称为农村或村庄，是乡村地区人类各种形式的居住场所的总称。它包括所有的村庄，以及拥有少量工业企业及商业服务设施，但未达到建制镇标准的乡村集镇。在农区或林区，村落通常是固定的；在牧区，定居聚落、季节性聚落和游牧的帐幕聚落兼而有之；在渔业区，则会出现特殊的渔村聚落。此外，广义的乡村聚落形态既包括物质形态特征，如规模、分布等，又包括基于物质形态之上的非物质形态，即乡村聚落社会形态。从文化功能上看，乡村是农耕文明传承的重要载体，丰富多彩的乡风、家风、民风特征、传统生活方式以及村民之间的社会交往方式等皆是中华文明的重要组成部分。这些因素共同造就了乡村聚落的复杂性和独特性。乡村聚落形态主要由农村聚落的规模、分布等所呈现出的实体特征，和基于实体特征之上的社会特性构成。

二、乡村聚落的产生及发展

乡村聚落形态是指乡村聚落的平面布局方式，包括组成乡村聚落的民宅、仓库、圈棚、晒场、道路、水渠、宅旁绿地以及商业服务、文教等公用设施的布局。在人类聚落诞生之前，人们以采集和狩猎为主要生活方式，过着巢居和穴居的生活。进入原始农业社会，随着农业的发展，人类从游牧生活转向定居生活，从而形成了最初的乡村聚落。在随后的传统农业社会，农业生产成为主要的经济来源，乡村聚落开始形成比较稳定的社会结构和文化传统，聚落范围开始变大，居住也较为密集。原始的乡村聚落已与生活、生产等各种用地配置建置在一起，并受到经济、社会、文化、环境等因素的影响。

乡村聚落的演变是一个复杂的过程，主要受到生产环境和社会文化环境的影响。乡村聚落的发展是历史的、动态的。乡村聚落的最初形态较为松散，这些松散的单元逐渐以河流、溪流或道路为形态骨架进行聚集，成为带状聚落。带状聚落发展到一定程度后，开始在短向开辟新的道路，经过巷道或街道的连接则形成井干形或日字形道路骨架，进一步可发展为团状的乡村聚落（图 2-1）。

从乡村聚落形态的演变过程看，是从无序到有序，由自然状态过渡到有意识的规划状态。中国乡村聚落的发展与演变主要受到宗族制度、宗教信仰、经济条件、风水观念的影响。

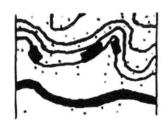

图2-1　乡村聚落演变示意[①]

三、乡村聚落形态的基本类型

1. 集聚型

集聚型乡村聚落主要有团状、带状、环状三种形式。

团状聚落是最常见的乡村聚落形态，一般建于平原或盆地，形态呈现近圆形或不规则多边形；带状聚落一般位于平原地区，因在河流、湖岸、道路附近而呈条带状延伸的形态，一般接近水源和道路，既可以满足村落生活用水和农业灌溉，也能方便交通和贸易活动；环状聚落是指山区环山和环河、湖、塘畔的环水聚落，较为少见。

2. 散漫型

散漫型聚落形式广泛分布于全国，一般沿道路分布，偶有几户相连，其余每幢住宅之间均相隔百十米，整个聚落延伸达一二千米至三四千米，个别可达十余千米。

第二节　乡村空间环境

一、乡村空间环境的构成和要素

乡村空间的构成要素主要分为两大类：物质空间环境和非物质文化环境。

物质空间环境包括自然生态系统、聚落生活系统和基础设施网络空间。其中，自然生态系统由气候、地形地貌、水系、山脉、植被等因子构成；聚落生活系统是基于不同地域村民日常生活逻辑形成的聚落形态、乡村建筑、场所环境和乡土文化；基础设施网络空间主要由村庄、乡村生态空间、乡村社会服务空间和乡村公共活动空间组成。

---

① 　梁雪 . 传统村镇实体环境设计 [M]. 天津：天津科学技术出版社，2001：27.

非物质文化环境主要由乡村产业与经济环境、乡村社会组织、乡村文化环境构成。这些元素之间遵循一定的逻辑关联，共同形成乡村风貌特色的构成内容。例如，自然生态系统和聚落生活系统是经济生产系统的物质基础和社会基础，二者共同构成村民生产生活的外部环境。

此外，按照功能划分，乡村内部空间功能区主要有公共空间、居住区、生产区等，它们之间的相对位置也是非常重要的组成部分。其中公共空间包括边沿景观、广场、标志性景观、街巷、水系周边区域等。

二、乡村空间环境的特征

1. 自然性

自然性是乡村空间的首要特征。乡村是一种自然生活状态，是自然环境与村落形态巧妙融合的乡野聚落。山、水、田、园等都是乡村自然生态的最典型特征，这种自然生态形成适宜人居的环境。

2. 领域性

乡村空间具有明确的领域性，它具有清晰的地缘关系，虽然村内部随着时间有着动态的变化，但基本上具有明确的界限。

3. 复合性

与城市中空间功能划分明确、整体功能趋于单一化不同，乡村空间具有多元化和复合性的功能。例如，古树下形成的空间，既可以是生产生活的空间，又可以是公共空间，还可以是信仰空间。此外，现代乡村公共空间也在尝试打造功能复合的模式。乡村空间中的各个要素也呈现相互交织，使乡村空间具有多样性的特点。

第三节 景观生态

一、景观生态概念

生态学由德国生物学家恩斯特·海克尔于1866年定义，是研究生物与生物以及生物与环境之间相互关系的科学。其研究对象包括自然环境中所有生物和非生物要素，如植物、动物、微生物、土壤、水、气候等。生态学强调人与自然的和谐共生，因此在乡村建设中，需要重视生态环境的保护和恢复。

景观生态学起源于 1939 年，由德国植物学家 C. 特罗尔（Care Troll）提出。[①] 它是一门研究在整个景观中，物质流、能量流、信息流与价值流在地球表层的传输和交换的科学，同时关注生物与非生物之间以及与人类之间的相互作用。具体而言，景观生态学以一个相当大的区域内，由许多不同生态系统所组成的整体（即景观）的空间结构、相互作用、协调功能及动态变化为研究对象。此外，根据《景观生态学——格局、过程、尺度与等级》，"景观" 可以狭义地定义为在几十千米至几百千米的范围内，由不同类型的生态系统所组成的整体。总的来说，景观生态学是地理学和生态学的交叉学科。

景观生态学的应用非常广泛，涉及城市及景观规划、土地利用规划、自然保护区规划、生态修复等。在城市和郊区景观的空间联系中，维持和恢复景观生态过程及格局的连续性和完整性是重要考虑因素。一方面，景观生态学与可持续性相结合，景观设计师需要加强对可持续性科学的学习和理解，通过景观规划和设计来实现景观的可持续性，促进生态系统服务和人类福祉的改善；另一方面，景观生态学也在生态学的基础上和景观学完美结合，借助于自然生态结构设计构建出完整的人工生态体系。这种应用强调根据实际情况和当地的生态环境进行综合探究，以实现人与自然和谐共生的目标。

景观生态学提供了一个综合性的框架来理解和优化乡村的空间结构。在乡村振兴的背景下，乡村规划设计需要考虑多个因素，包括地理特征、村落分布、河流走向、景观风貌、生态群落等。这些要素共同塑造了乡村的独特面貌，构成了乡村生态系统的核心。因此，在进行景观规划和设计时，一方面要凸显乡村地区的本土特色和景观特点，另一方面也要尊重并保护原有的自然景观，确保自然环境中的各个要素之间的协调一致。

二、景观生态规划

生态规划是继尹恩·麦克哈格的 "设计结合自然" 之后，又一次使城乡规划方法论在生态规划方向上实现进一步的提升。[②] 生态规划是一项系统工程，它根据景观生态学的原理及其他相关学科的知识，以区域景观生态系统整体格局优化为基本目标。

景观生态规划的内容包括景观生态调查：收集规划区域的资料与数据，以了解规划区域的景观结构与生态过程、生态潜力、人类对景观的影响及程度，以及社会

① C. 特罗尔. 景观生态学 [J]. 林超，译. 地理译报，1983，（1）：1.

② 俞孔坚，李迪华. 城乡与区域规划的景观生态模式 [J]. 国外城市规划，1997，（3）：27.

文化状况等，从而获得对区域景观生态系统的整体认识。空间格局与生态过程分析：通过对规划区域内的自然地理环境要素和人文社会要素资料的分析，了解自然生态过程以及人类活动对景观生态过程的影响，进而认识规划区域景观与当地社会经济发展的关系。基于格局分析的景观生态规划：在了解了规划区域的空间结构和生态过程后，制定出相应的规划方案，包括生态保护、生态修复、生态建设等。基于生态系统服务理论的景观生态规划：生态系统服务理论是指人类从自然生态系统中获得的各种惠益，这些惠益包括供给服务、调节服务、文化服务等。基于可持续发展理论的景观生态规划：它强调经济、社会和环境三个方面的平衡发展，旨在实现可持续性。

三、景观生态环境治理策略

1. 生态资源分析

生态资源分析需梳理乡村生态资源，分析各类资源的生态情况，构建乡村整体生态格局。乡村生态资源类型多样，一般可分为山地森林、河流水域、生物群落、一般林区、农业田园、生态渔场、草原牧场、村落和民居等。在乡村生态环境治理中，应充分分析各类生态资源现状。

2. 山水生态保育

山水生态保育是指保育和恢复乡村原生生态，低干预、少进入，维护村域生态基底。在分析各类生态资源的基础上，以保护为基本目标划定生态底线，建立乡村空间准入机制，防止大兴土木、大拆大建等破坏乡村生态系统的行为。

乡村的生态保育主要以山水空间为载体，主要包括水源地一级保护区、风景名胜区核心区、自然保护区核心区和缓冲区、森林湿地公园生态保育区和恢复重建区等。这些区域应尽可能保持原有生态面貌，保护生物群落的多样性，原则上禁止任何生产和建设行为。对已造成生态破坏的情况，应积极通过植树造林、退耕还林、水土保持、污染治理等措施进行生态修复。

3. 农林生态管控

农林生态管控主要指通过科学管理和治理，保护并改善农村的生态环境，以实现农业的绿色、低碳和可持续发展。为推动农业农村绿色低碳发展、履行生物多样性公约、加强农村生态文明建设，需要对农业农村污染进行深入治理；优化种植和养殖生产布局，通过编制实施国土空间规划，严格生态保护红线管控，统筹农村生产、生活和生态空间，从源头减少农业面源污染；同时进行环境监管和污染防治，强化环境监管，重点开展农村饮用水水源保护、生活垃圾污水治理、养殖业和种植业污染防治等工作；大力发展绿色生态农业，在保护耕地的基础上构建农业生产景观体系。在乡村建设过程中，加强绿色低碳生态技术在各方面的应用。

第四节　乡土文化

一、乡土文化概念

乡土文化是指在特定乡村地区形成并传承的独特文化体系，内容广泛而丰富，涵盖语言、宗教、风俗习惯、传统工艺、艺术、音乐、舞蹈及神话故事等多种表达方式。它是当地居民在长期的农业生产与生活实践中逐步形成并发展起来的道德情感、社会心理、是非标准、行为方式和理想追求等，具体表现为民俗民风、物质生活与行动规范。乡土文化是中华民族得以繁衍发展的精神寄托和智慧结晶，其中包含的民俗风情、传说故事、古建遗存、名人传记、村规民约、家族族谱、传统技艺、古树名木等诸多方面，都是不可替代的无价之宝。乡土文化不仅体现了人们对故土的热爱和对家乡文化的自豪感，也是民族凝聚力和进取心的真正动因。

二、乡土文化的分类

根据不同的划分标准，乡土文化可以进一步细分为物质文化和非物质文化。

1. 物质文化

乡土文化中的物质文化，是指为了满足乡村生存和发展所创造出来的物质产品所表现出来的文化，主要以山、水、林、田、村、居为要素，具体包括自然景观、空间肌理、传统街巷、乡村建筑、公共节点等。

2. 非物质文化

乡土文化中的非物质文化包括语言、宗教、风俗习惯、传统工艺、艺术、音乐、舞蹈及神话故事等各种表达方式，主要以乡村生产生活方式和精神文化制度为要素，具体包括农耕文化、生活习俗、文学艺术、宗教信仰和村规制度。

三、乡土文化的当代价值

乡土文化在当代具有重要的价值，主要体现在以下几个方面。

1. 乡村振兴

乡土文化是乡村振兴的重要支撑。乡土文化复兴不仅对乡村组织振兴、生态振兴、产业振兴、人才振兴有价值观的引导作用，而且也是乡村振兴战略的重要组成部分。乡土文化也可以作为旅游资源进行开发，吸引游客参观、体验，从而带动当地的经济发展。

2. 文化传承

乡土文化中蕴含了丰富的历史和人文内涵，可以借助传媒教育和现场体验等方式，对年轻一代进行教育，植入乡土文化的"种子"，使其传承乡土文化。

3. 社会道德建设

乡土文化中传统农耕文化所蕴含的思想观念、人文精神和道德规范，有利于推动农村思想道德建设和公共文化建设，弘扬主旋律和社会正气，培育文明乡风、良好家风、淳朴民风，改善农民精神风貌，提高乡村社会文明程度，焕发乡村文明新气象。

4. 社区凝聚力

乡土文化能够增强乡村居民的归属感和自豪感，提升社区凝聚力。例如，将乡土文化的现代性价值写入村规民约，弘扬见贤思齐、崇德向善、诚信友善以及具有地域特色的乡土道德文化和乡村道德。

第五节　乡土材料

乡土材料的合理使用是创建乡村空间环境和营造乡土意境的重要元素，它与当地的自然环境、社会习俗及文化内涵密切相关。在乡村环境建设过程中，倡导就地取材，巧妙地使用当地本土材料。本土材料比其他外来材料更契合当地的文化以及村民的审美观念，对于当地的气候也具有更强的适应能力。在传统乡村聚落环境中，石、土、草、竹子、木材等自然原生材料的运用已有悠久的历史。这些材料取之于自然，又能回归自然，不会对自然生态环境造成破坏，还具有价格低廉和易于获取的特点。相比其他材料，乡土材料的合理运用同样可以设计和建造出高品质的景观与建筑作品。一方面大大节省了建设成本，另一方面，也可以更好地融入周边环境，不仅因地制宜，而且更有效地节约成本。对照现代材料规整、光滑与精致的特性，乡土材料粗糙与朴拙的质感更能营造出充满乡村气息和韵味的环境风貌。

在乡村景观创新和实践的过程中，对乡土材料的使用主要遵循两条原则：一是就地取材，营造乡土景观气质。可以根据不同村落的当地实际资源情况，挖掘本土常见的植物、石料、泥土等作为主要材料，通过当地本土加工与建造技术对景观构筑物和建筑进行施工制作。以这种方式营造的乡村环境，不会因材料而与周边自然生态环境产生割裂感，更能凸显乡村地方特色，营造出地方风貌与村落自然资源相融合的乡土环境。二是有机更新，尊重乡村本有的特征和文化，重塑村落原有风貌。目前我国大量乡村建设普遍存在现代材料滥用的现象，导致村容村貌与周边自然环境严重脱节。合理运用乡土材料与现代材料相结合的方式进行乡村环境的有机更新，营造和保护乡村聚落特有的风貌是乡村环境建设中重要的内容。

一、砖、瓦

砖、瓦都是由生土烧制而成的人工材料，是乡村建筑和景观搭建的重要材料。砖的类型非常广泛，根据不同的用途和性质大致可分为土坯砖、红砖、城砖、画像砖、竹砖等。而瓦则根据不同的用途和性质可分为茅草瓦、瓦楞纸板瓦、沙石瓦、土坯瓦等。它们除了成本低廉、生态环保、物理特性和结构良好之外，还蕴含一定的人文特色，体现出独有的自然地域特征。随着乡村的发展，逐步形成了中国传统砖瓦文化。

中国传统砖瓦文化起源于东周时期，形成于秦汉魏晋时期，发展成熟于唐宋明清时期。迄今考古发现年代最早的装饰性砖瓦为西周的半圆形重环纹瓦当和宝鸡凤翔雍城遗址发现的阴刻纹饰画像空心砖，自此砖瓦开始广泛使用。

秦汉至魏晋时期是砖瓦文化形成的重要历史时期。这一时期，砖瓦材料的各项工艺技术成熟，砖瓦类型众多，尺寸和形状各异，图案纹饰丰富。秦汉时期的砖瓦享有"秦砖汉瓦"之美誉，尤其是瓦当在使用方面的广泛性与艺术性均发展至极盛，以文字瓦当的流行和四神瓦当的出现为代表。

砖瓦文化形成以后到唐宋时期，砖瓦文化逐步进入发展期。隋唐皇家御用砖瓦由"甄官署甄官令"负责督造。《旧唐书·匠作监》载："甄官令掌供琢石陶土之事。凡石磬碑碣、石人兽马、碾硝砖瓦、瓶缶之器、丧葬明器，皆供之。"在建筑应用文化方面继续发展，创制出种类繁多的砖瓦构件，丰富了砖瓦的应用内涵，如鸱尾、鸱吻，被赋予镇宅防火的作用。同时，对琉璃瓦、瓦当、画像砖的使用做出更加严格的规定。一些与佛教和道教结合的砖瓦，如吉祥瑞兽与造像成为宗教膜拜的圣物。

明清时期砖瓦文化成熟，砖瓦在乡村民居建筑中得到大规模应用。安徽、江浙一带民居"无刻不成屋、无宅不雕花"，各种瓦饰和砖雕无不体现出民居建筑特色与民间的社会价值观。

现如今，乡村建设中的砖瓦依旧是传统文化和民族特色最直观的传承载体和表现形式。它们具有自然环保、文化传承和物理特性优势。在乡村景观设计中，砖和瓦可以通过构建景观元素、打造路径和设计庭院等方式，创造出自然融合、文化丰富的景观效果。在乡村住宅建设中，砖和瓦能够营造出具有乡村特色的外观，并提供舒适、宜居的内部空间。这些运用效果不仅展示了乡土材料的美学价值，还体现了其可持续性和经济效益，推动乡村民宿建设的蓬勃发展。

1. 砖、瓦的特点

（1）自然环保性

砖、瓦以天然原材料为基础，具有显著的自然环保特性。砖材常采用黏土作为主要原料，而瓦材则多使用黏土、石粉等混合材料。这些原料天然存在于土地中，采集和利用过程不会对环境造成污染或破坏。相比于其他建筑材料，乡土材料砖和瓦在生产过程中所消耗的能源相对较低，施工过程中相对简单，不需要复杂的设备和技术，更适合乡村建筑和景观项目施工。同时具有可持续性的优势，回收再利用的潜力较高。这不仅可以降低建筑垃圾的产生量，还能延长材料的使用寿命。当这些材料不再使用时，它们可以通过再生、再加工等方式，成为新的建筑材料或其他用途的原材料。砖瓦的使用减少了对非可再生资源的依赖，减少了资源的浪费，有利于乡村环境的可持续发展。

（2）物理特性和结构优势

砖、瓦在物理特性和结构上具有独特优势。其密度较高，具备良好的保温隔热性能，能够在炎热夏季阻挡外界热量的进入，同时能在寒冷冬季使室内温度更加舒适。这种保温特性可以有效地减少能源消耗，提高居住舒适度。同时具有出色的隔声性能。它们的材质可以有效隔绝声音的传播，为乡村居民提供了相对安静和私密的居住环境。由于砖瓦的天然成分和结构特点，它们能够承受极端气候条件下的变化，能够承受一定的压力和冲击，使其具备较强的抗震能力，为乡村建筑和景观的稳固性和耐久性提供了可靠的保障。

（3）文化和历史价值

砖、瓦承载着丰富的文化和历史价值。在乡村地区，砖、瓦常被用于建造房屋、庙宇等传统建筑，成了乡土文化的重要组成部分。这些材料不仅反映了乡村地区的建筑风格和建筑技术，还见证了乡村生活的历史沉淀和乡民的智慧传承。通过使用砖、瓦可以重塑乡村建筑的文化特征，传承和弘扬乡村的历史文化。

2. 砖、瓦的运用方式

砖、瓦作为非常实用的建筑材料，在乡村环境建设中具有多种运用方式。其中砖主要用于砌筑景墙、构筑物、种植池和地面铺装，砌砖的不同方式也会产生不同的装饰效果，使其具有美观和耐用的特点。砖也是重要的装饰材料，刻有吉祥纹样的砖雕广泛应用于乡村民居建筑和景观建造当中。而瓦主要解决屋顶防水的问题，一般处于屋顶结构最上层，是取代草顶、泥顶的铺设物。瓦一般分为板瓦、筒瓦、瓦当滴水。不同的地域，会有不同的铺瓦方式。瓦在乡村景观建造当中还可以单独或者与其他材料组合成为砌筑和铺地材料。

（1）砖、瓦在乡村景观设计中的运用

在乡村景观设计中可以运用砖和瓦打造各类花坛、水池和雕塑等装饰元素。砖和瓦的色彩和质地与乡村环境相协调，可营造出自然、亲切的景观氛围。通过运用不同形状、颜色和纹理的砖和瓦，可以打造出丰富多样的景观特色，使乡村景观更加生动有趣。在乡村特色庭院空间的打造中，砖、瓦的广泛应用为乡村居民提供了舒适、宜人的休闲场所。利用砖、瓦砌墙，可以打造出独特的庭院边界和隔离区域。在景观水景中，砖瓦搭配鹅卵石、绿植等元素进行合理设计，可以增添乡村韵味。砖、瓦可以塑造各种或曲线圆润，或层层叠叠，或凹凸有致的百变造型。此外，砖、瓦可以用于建造凉亭、垒砌平台等，以增加庭院的功能性和美观性（图2-2）。

（2）砖、瓦在乡村民居建筑中的运用

建筑是一个村落的主体。在美丽乡村建设中，建筑的设计始终处于至关重要的位置。砖、瓦在乡村建筑中可以用作建造或是装饰材料。砖和瓦在建筑中的运用，一方面加强了房屋的稳定性，另一方面对具有一定历史的传统建筑进行加固和整修，使其保存原有的建筑风貌，既展示了村落历史，又有利于中国传统文化的传播。乡村民居建筑的外墙运用砖瓦进行砌筑，可使其与环境更加地融合，达到整体统一的效果（图2-3）。

在乡村民宿建筑外观设计方面，使用砖、瓦可以打造出富有乡村特色的建筑外观。砖、瓦的自然色彩和质地与周边自然环境相协调，增加建筑的亲和力和融入感。在内部空间设计中，可以使用砖和瓦铺设地面，营造出自然质朴的室内环境氛围。砖、瓦的质感和纹理赋予空间独特的温暖感和乡土氛围，使居住者感受到自然的舒适与宁静。此外，砖、瓦还可被用于墙面的装饰，以增加空间的美感和独特性。砖、瓦还可以被运用于家具、灯具、花盆等细节设计中。通过使用砖、瓦制作家具或装饰

图2-2 砖瓦围墙

图2-3 红砖外墙

物品，可以增加乡村民宿的原生态感，为居住者带来独特的体验。

二、石材

石材以其独特的物理特性、丰富多彩的纹理和与地域紧密相连的乡土特色，成为重要的乡土材料之一，具有独特的特点和优势。随着建筑设计的不断发展，石材早已经成为建筑、装饰、道路、景观建设的重要原料之一。了解和把握石材的特点对于其合理运用至关重要。

市场上常见的石材主要分为天然石和人造石。天然石材有大理石、花岗石、石灰石、板岩、砂岩、石灰岩、火山岩等。建筑装饰用的天然石材主要有花岗石和大理石两种。天然石材是最古老的土木工程材料之一。它具有很高的抗压强度，良好的耐磨性和耐久性，经加工后表面具有美观的纹理，装饰性强，资源分布广，蕴藏量丰富，便于就地取材，生产成本较低。人造石按工序分为水磨石和合成石。水磨石是以水泥、混凝土等原料锻压而成；合成石是以天然石的碎石为原料，加上粘合剂等经加压、抛光而成。人造石为人工合成，所以强度没有天然石材高。相比天然石材，人造石功能多样，颜色丰富，应用范围也更加广泛。随着科技的不断发展和进步，人造石的产品也不断日新月异，质量和美观已经不逊色于天然石材，具有耐磨、耐酸、耐高温，抗冲、抗压、抗折、抗渗透的性能。

1. 石材的特点

石材作为乡土材料，具有浓厚的地域特色和文化传承意义。不同地区的石材资源种类丰富，具有独一无二的地质构造和纹理特征。运用当地的石材，可以突出乡村建筑与地域环境的融合，体现地方文化的独特性。同时，石材的使用也有助于传承和弘扬乡村建筑的传统工艺和历史文化。许多乡村地区的建筑都借助石材来延续传统的建筑形式和风格，通过石材的运用，可以展现出乡村建筑与地域特色、历史文化的紧密联系，激发人们对乡村的认同感和归属感。

石材在景观中有较好的协调性，可与多种景观要素搭配，应用十分广泛。天然石材具有朴拙的韵味，多表现乡土味和力量感，适合营造具有乡土气息的地域性景观。在乡村环境建设中，石材的选择和使用必须与周围环境相协调。同时石材也要有适当的坚硬度和质量，这样才能够达到使用标准，才能让乡村景观风貌整体处在一个舒适稳定的环境之中，有利于乡村生态环境的改善和良性发展。深入挖掘石材的潜力与价值，合理运用和保护石材资源，有助于实现乡村建设的可持续发展，展示乡土文化的魅力，提升乡村居民的认同感和游客的体验感。未来的研究可以进一步探索石材与其他乡土材料的组合运用，深化石材在乡村建设中的应用，为乡村发展提供更多可持续的解决方案。

2. 石材的运用方式

（1）因地制宜选用石材

在一些靠近工业区、污染度高的地方，各种建筑和景观工程中使用到的石材要把耐侵蚀性和抗污染性放在首位，不能选用耐侵蚀性弱、坚硬度不强和抗压性弱的石材，这样才能让园林工程中的石材在带有美感的同时耐用性强、性价比高。而在一些环境优美的乡村景观工程中应优先考虑石材的自然属性和美观属性，以此来提升景观的自然感和美感，增加景观的欣赏性。在选择石材时，同类岩石由于品种和出产地的差异，导致石材性能存在差异。因此在进行设计时就要根据建设需要优先考虑石材的性能，尽可能就地取材，筛选出适合乡村环境建设的石材种类。在室外建设时，应采用坚硬度高、抗侵蚀性强、耐用性强的石材。在墙面的建设和修饰时，应优先考虑耐寒性强和安全性强的石材，随后考虑其成本和经济预算。

（2）构筑景观小品

景观小品是乡村景观构成内容之一，有展现乡村特色、吸引游客等作用。在乡村景观中用石材做成的小品较为常见，比如石桥、假山、墙体、石桌、石凳等（图2-4），还有为与周围景观相协调而用石材制作的垃圾桶、音响、灯具等。其中有一些是装饰类小品，如用石材雕刻的花钵、花瓶等。石材在水景装饰中也被广泛运用，如雕刻成喷泉、水池等。还有用于指示或纪事的小品，如指路牌、碑林里的石碑等。石材做成的小品给人既自然又庄重的感觉。在乡村景区的石径、石桥和石阶等场所，使用石材铺设可以营造出原生态的景观效果，使游客在自然环境中流连忘返。在乡村公共设施如广场、健身区、休闲座椅的建设中，使用石材可以提升设施的耐久性和美观度，为乡村居民提供更好的休闲和娱乐场所，体现出乡村地区的自然美和文化特色，使人们在感受石材所带来的独特韵味和地域文化的同时，也能够增进对乡村的认知和理解，促进乡村旅游的发展。

（3）铺装道路

石材作为大自然提供给人类的特殊的实用性材料，在铺装的应用中最为广泛。以其独特的质感、色彩以及排列形式，生动地阐述景观铺装的艺术语言，引导着景观铺装的设计进程。道路铺装是景观的重要组成部分之一，其材料的选择关系着意境的表达，在乡村道路铺设中可根据不同的环境，创造出不同的意境。石材地面不仅能够承受较大的荷载和磨损，还具备防滑、耐磨、易清洁等优点。在乡村景区、庭院和公共空间中，使用石材地面铺装可以营造出自然、原生态的氛围，使人们感受到自然与人文的和谐。

（4）外立面装饰

石材还可以用于乡村建筑的墙体和景观空间中的景墙。石材墙体具有坚固耐用、防火阻燃、隔热保温等特性，能够有效保护建筑免受自然灾害和火灾的侵害。同时，

图2-4 石材矮墙

图2-5 石材装饰立面

通过选择不同形状和排列方式的石块，石材墙体可打造出丰富的纹理和图案，增添墙体的美观性和艺术性，营造出乡村建筑独特的风貌和氛围。例如，使用灰色石材可以营造出古朴、稳重的氛围；而使用黄色或红色石材则可以增添明亮、温暖的感觉。采用粗糙质朴的石材可以展现出乡村建筑的原始韵味；而采用光滑细腻的石材则可以营造出高雅典雅的氛围，增加建筑的立体感和层次感。石材还可以与其他材料如木材、砖瓦等进行巧妙地搭配，形成丰富多样的立面效果和装饰效果，提升建筑的整体美感，为乡村建筑增添独特的艺术魅力（图2-5）。

三、木材

在我国，木材一直是使用较为广泛的材料之一，同时也是传统住宅建筑的主要材料。木材取材于树木，是一种有机材料，也是一种可再生资源。使用木材不仅符合生态可持续发展要求，而且对人的心理健康也颇有益处。木材具有独特的纹理，且不同的树种纹路有所不同。去皮后的木材洁净光亮，有纯洁高雅的质感。加工后的木材不同的品种和部位又会有不一样的光泽和纹理。木材的自然、质朴的纹理颜色决定了其自然风格和设计应用中亲切的艺术氛围。由于它易于加工和转换，因此可用于制作各种造型。与钢筋混凝土这类人工材料不同，木材耗能低、绿色环保，给人回归大自然的归属感。

1. 木材的特点

木材取自自然，具有生产成本低、耗能小、无毒害、无污染的特点。由于其独特的天然属性，不同的木材具有不同的纹路、颜色、质地和光泽，可以营造出自然、和谐、舒适的感觉，对家具设计、建筑设计和环境设计都有良好的适用性。相比其他材料，木材更易于制作出乡村建设中所需物品，它可被快速加工成各种形状、大小，便于多方面运用。

木材具有独有的环境学调节特性，对建筑室内的空气质量、温度、湿度以及环境声、光、色等都有调节作用。木材是一种多孔材料，导热系数小，是不良导体，隔热性能好，形成"冬暖夏凉"的体感。此外，木材调湿能力好，可以依靠吸湿解湿来调节空间的湿度。调声能力也是木材的特性之一，使用木材可以避免产生明显回声。由于多孔的特性，木材表面较粗糙，使光线呈漫反射，且颜色较深，可以吸收部分光线，使空间内部光线变得融合。

木材的文化内涵丰富多彩，不仅体现在工艺上，更蕴含着一个时代的精神气质。古代建筑以木材为主要的建筑材料，因此木材成为传承和展现古代文化的重要载体。中国古人很早就开始崇拜树，并赋予树木祛病、除邪、免受灾难等吉祥的寓意，后来人们对树的崇拜扩大到了木材。随着时间的推移，人们开始赋予木材更多的象征意义，它不仅是生活中不可或缺的元素，更成为品质的象征。此外，各地的匠人们通过对木质用品的精心打磨和雕刻，传承了数千年的传统文化。无论是乡村中的建筑、家具还是木雕，都充分体现了民族智慧和深厚的历史文化底蕴。而在宗教哲学中，木材也得到了人文方面的深刻解读，使其内涵更加丰富。

2. 木材的运用方式

木结构作为中国传统建筑的主要结构形式，在乡村建筑中广泛运用。木构架建筑在各地都有独特的建筑特色，代表了当地的文化。例如，穿斗式构架主要用于中国南方和川渝地区，其历史悠久，结构独具特色；抬梁式构架在中国北方使用非常普遍，虽然用料较大，耗费木材较多，但是其内部有较大的使用空间，利于营造出宏伟的气势。

随着新建筑材料和技术的发展，木材在乡村建筑中的应用也呈现出新的面貌。例如，传统的木构融入了现代砖混结构，一层的砖混结构可以屏蔽外界的消极环境，同时更好地保护木构建筑，延长使用寿命、减少维护成本，两三层的木构建筑采用传统的木构建造技艺。同时期，乡村中也出现了新型木结构。这些新型结构、材料需要各个乡村根据实际情况大胆创造新的构筑方式。木材在乡村建筑领域的使用不仅体现了对传统文化的传承和尊重，同时也因积极探索和应用新的建筑理念和技术，而展现出丰富的创新可能性（图2-6）。

图2-6　木构建筑

四、竹材

1. 竹材的特点

竹子在中国部分乡村中是常见的植物，也是乡村建设中常见的材料。竹材在乡村建设中广泛地使用不仅因为其优良的力学性质和稳定的化学性质，更因为它是代表着中国传统文化的重要元素。乡村中竹材的合理使用和巧妙设计影响着人们的生活方式、审美情趣和精神追求。在新农村建筑中，竹材的运用常常被赋予深厚的象征意义，如象征高洁、坚韧品格。竹材用于营造静谧典雅的气氛环境。

竹材的使用有着悠久的历史，在竹屋建造的地区，竹材建造成为新农村传统民居文化的重要组成部分。并且，以竹材作为建筑材料具有生态意义、良好的抗震性以及充满无限可能的建筑造型。随着科技的发展，新型竹质材料如竹纤维复合材料、竹纤维异形材料、定向重组竹集成材等的研发和应用也在全面推进。同时，国际竹建筑双年展等项目的出现，也让竹建筑从营建之日起就融入了村庄，成为村庄的一部分。

2. 竹材的运用方式

竹材可以用来制作建筑材料，如墙板、内装饰板、地板等。它既可以通过与其他材料组合使用来制作框架结构、支架和梁等，还可以制作竹梯、栏杆和遮阳篷等（图2-7）。在建筑中，竹材被广泛应用于需要承重的结构上，它可以提供强度和稳定性来支撑建筑物的整体质量保证安全性。在中国的许多乡村地区，人们会使用竹子来建造房屋。这些房屋通常被称为竹屋或竹楼，它们具有很好的抗震性能和环保性能。竹屋还具有良好的通风和采光性能，使得居住在其中的人们能够享受到舒适的生活环境。

随着乡村旅游业的发展，越来越多的乡村开始利用当地的竹材资源来建设旅游设施。例如，一些乡村会用竹子搭建竹桥、竹亭等景观设施（图2-8），以展示当地的自然风光和文化特色。此外，还有一些乡村会将竹子用于民宿、餐厅等旅游服务设施的建设，为游客提供独特的住宿和用餐体验。

五、夯土

夯土是一种部分乡村中使用的古老的建筑材料，也是一种将泥土压实的动作。它是指将诸如砾石、沙子、淤泥和黏土之类的骨料混合物夯入模板以创建墙体的过程。当土壤干燥时，将模板移除便可获得一面坚固的墙体。这种古老的建造形式，通常在较热或较干燥的地方可以见到。在古代它是城墙、宫室常用的建材。在中国，最

图 2-7　竹制结构

图 2-8　竹亭

　　早在龙山文化中已能掌握夯土的技术。因土壤是一种随处可见、低成本和可持续的资源，将夯土用于乡村工程建造可以最大限度地减少对环境的影响。夯土结构代价较低，可以被较多建造者采用。虽然材料价格十分低廉，但是在没有机械设备辅助的情况下，夯土工程是十分耗时的。而且，传统的夯土墙需要经常维护，以保持其稳定性和耐久性。其缺陷在于墙体易开裂、风蚀剥落、墙根碱蚀厉害，蜂窝、鼠洞、虫蛀较多，房屋外观品质普遍较差。此外，在部分村民心中，夯土材料是贫困落后的象征。而现代新型夯土材料的出现实现了其内在特性和外在美的质变与飞跃，它不仅克服了传统土材硬伤，还取得更胜一筹的建筑艺术与表皮美学的呈现。

1. 夯土的特点

　　夯土是由自然材料混合而成，不需要添加化学成分。因此，夯土具有自然环保的特点，不会对环境造成污染。夯土墙的主要用料是泥土，可就地取材、重复利用且成本低廉。由于其物化能低，有非常显著的生态性能；夯土建筑施工工具简单，建造技术熟知易懂，无须大型施工设备。同时夯土墙可以吸收空气中的氮气，若建筑废弃，经过简单的拆除破碎后就可以作为肥料回归土地。

夯土具有很好的防火性能。在夯土墙被火烧焦时，只有表面的泥土被烧黑，而内部仍然保持完好。此外，夯土墙结构耐用，防水夯土具有很强的抗压能力，适用于承重结构，不易老化、不易开裂，可以长期保持稳定的结构。

夯土材料是中国古老的传统乡建材料，民间的老人对"土"有着特殊的情怀。"土"作为中国传统文化的一部分，是人们的感情寄托。因此，夯土是一种承载历史和文化的建筑材料，可以传承和展现中国古代建筑的精髓和智慧。夯土材料的合理使用，在乡村建设中可营造出对空间的认同感和归属感。

2. 夯土的运用方式

（1）夯土在乡村建筑中的运用

夯土可以用于建造传统风格的房屋、城墙、寺庙等，来体现中国古代建筑的魅力和文化底蕴。夯土材料也可以用于做饰面。根据不同地区的泥土色彩进行调配，最大限度地保留夯土模板的裂纹和手工夯实的痕迹，使建筑更加贴近自然。夯土也可以与现代设计理念和技术相结合，创造出新颖和多样的建筑形式和空间效果，展现出建筑的创新性和多元性（图2-9）。

（2）夯土在乡村景观设计中的运用

夯土在乡村景观中可用于围墙和陡坡的固定。使用夯土做成的矮墙，将田地围起来，可以防止土地流失。在陡坡上，夯土可以修建防护墙用于防止山体滑坡，从

图2-9　夯土建筑

而起到很好的固定作用。夯土可以用于修建水池。将夯土压实后，能够形成一道坚固的坝体，可用来蓄水。夯土池可以保存水质清新，适合养鱼和种植水生植物。在乡村景观公共设施方面，设计师可通过合理的设计展现夯土的艺术美感和创新可能，如彩色夯土墙、波浪形夯土墙等（图2-10）。

图2-10　夯土墙

复习与思考

1. 谈谈乡村生态环境保护和发展应遵循哪些原则。

2. 谈谈你对乡村空间打造、生态保护、乡土文化传承三者关注的重点。

3. 收集各类乡土材料运用的案例，思考如何通过乡土材料进行创新设计。

课堂实训

1. 查找资料，挑选一个优秀的乡村进行生态资源分析。

2. 尝试在具体的项目设计中合理使用乡土材料，设计出具有乡土意境的小场所。

第三章

乡村类型与设计原则

本章概述

本章节主要学习常见的乡村类型，包括保护型传统乡村、产业发展型乡村、文旅资源丰富型乡村、城乡接合部乡村、更新型乡村、其他类型乡村等。不同类型的区分有利于确立乡村的发展方向，有利于乡村景观的发展方向和选择乡村重点建设的类型。

学习要点及目标

1. 了解不同种类型的乡村特征。

2. 理解保护型传统乡村的设计原则。

3. 掌握更新型、产业发展型、文旅资源丰富型乡村的基本特点及设计原则。

核心概念

保护型传统乡村、产业发展型乡村、文旅资源丰富型乡村

课程思政内容及融入点

通过对不同类型乡村的了解和学习，令学生感受到中国的地大物博和中国人民的勤劳智慧，激发学生的文化自信，感受到中国乡村日新月异的变化。

乡村的分类方法很多。以地理位置可划分为山区乡村、平原乡村、沿海乡村；以文化特征可划分为传统型乡村、现代型乡村；以发展水平可划分为发达乡村、发展中乡村、欠发达乡村；以社会结构可划分为单一经济型乡村、多元化经济型乡村；以产业类型可划分为农业型乡村、旅游型乡村、工业型乡村等。本章节选取了在乡村环境发展中有较大发展空间，有特色环境设计的乡村类型进行介绍。

第一节　保护型传统乡村

一、概述

2012 年，住房和城乡建设部等联合印发《传统村落评价认定指标体系（试行）》。截至 2023 年，共公布 6 批次国家级传统村落名单，合计 8155 个。此外还有各省发布的省级传统村落名单，涉及的村落历史悠久、具有一定稀缺度，并且风貌保存良好，具有较高的保护价值。这些村落即为保护型传统村落。

它们是中国传统文化的重要载体，体现了农耕文明的传承，是十分珍稀的乡土文化遗产，因此它们的环境发展主要以保护为主。

保护型传统乡村的选址年代久远，村落格局保存完整，与周边优美的自然山水环境或传统的田园风光保有和谐共生的关系。传统建筑占比较大且有一定的完整性，同时保存了丰富的历史环境要素，如古河道、商业街、建筑、特色公共活动场地、堡寨、城门、码头、楼阁、古树及其他。这些乡村以其独特的文化特色、历史建筑、民俗风情和自然景观闻名，既为村民提供了良好的生存环境，也吸引着游客和文化爱好者。

多年来，我国一直重视传统村落的保护和发展，出台了一系列的相关政策文件，为传统村落建立了较为完整的档案。根据 2014 年颁发的《住房城乡建设部 文化部 国家文物局关于做好中国传统村落保护项目实施工作的意见》要求，入选村落的建设既要有保护，也要有发展，建设要符合实际、有操作性，让居民得到实惠。做到对传统村落、保护建筑等遗产进行挂牌保护、严格执行乡村建设规划许可制度、确定驻村专家和村级联络员。建立本地传统建筑工匠队伍；稳妥开展传统建筑保护修缮；加强公共设施和公共环境整治项目管控；严格控制旅游和商业开发项目。建立专家巡查督导机制；探索多渠道、多类型的支持措施；完善组织和人员保障。

2023 年，住房和城乡建设部办公厅、财政部办公厅发布《关于做好传统村落集中连片保护利用示范工作的通知》，提出了集中连片保护利用模式，为保护型传统乡村提供了新样板。保护型传统乡村基于自身特殊的资源背景，在进行设计时，首先应坚定文化自信自强，坚持"保护为先、利用为基、传承为本"原则，充分发挥当地历史文化、自然环境、绿色生态、田园风光等特色资源优势，统筹基础设施、公共服务设施建设和特色产业布局，实现生活设施便利化、现代化，建设宜居宜业和美乡村；按要求推进传统村落保护利用项目建设，注重乡土味道，保留乡村风貌，打造"百里不同风、十里不同俗"的传统村落保护利用示范区。

2023年7月，《住房和城乡建设部办公厅关于印发传统村落保护利用可复制经验清单》从四个方面总结各地在完善传统村落保护利用法规政策、创新传统村落保护利用方式、完善传统村落保护利用工作机制、传承发展优秀传统文化等方面的经验做法，进一步提高了我国传统村落保护利用水平。

二、设计原则

保护型传统乡村具有显著特点和独特价值，在乡村发展和文化保护方面扮演着重要的角色。通过对保护型传统乡村特点和价值的了解，可以更好地认识乡村的独特魅力和潜力。其乡村环境设计要遵循以保护为前提的环境发展原则，将保护与发展有机结合起来。

1. 保护优先原则

保护型传统乡村作为历史文化的重要承载者，文化遗产资源丰富。这些乡村地区保存着传统建筑、历史遗迹、民俗风情和口述传统等珍贵的文化遗产。保护型传统乡村为人们提供了重要的文化资源和学习场所，同时也成为文化交流和艺术传承的重要平台。保护乡村的自然环境和历史文化遗产是设计的首要任务，为确保其文化遗产得到保护和传承，在进行设计中必须遵守国家和地方关于文化遗产保护、环境保护和土地利用等相关法律法规、政策。编制保护利用规划方案，需明确保护范围、重点和要求，提出保护利用传承工作措施。规划内容要简洁、易懂、实用，效果要可感知、可量化、可评价。

2. 注重自然与人文融合原则

保护型传统乡村环境设计应注重自然环境和人文资源的融合。这些乡村地区以美丽的自然风光和独特的人文资源而闻名。传统建筑、庭院景观、农田和水系等与自然环境和谐共存，形成了独特的人文与自然融合的景观格局。保护型传统乡村通过保护自然生态和传统建筑，从而保护了一个与自然相互依存、和谐共生的乡村环境。

保护型传统乡村保留了传统的乡村生活方式和非物质文化遗产，体现了丰富多样的地方特色和乡土文化。这些乡村地区的非遗文化丰富多样，保留了传统节庆活动、民俗活动和传统手工艺等非遗并进行推广，如通过非遗宣传、非遗直播、非遗研学、非遗体验等形式使当代人感受到独特的传统乡村文化的魅力。

3. 适度发展原则

保护型传统乡村需适度发展，控制发展的规模和速度，避免过度城市化和单纯追求经济利益，这在乡村振兴和可持续发展方面发挥着积极的示范作用。保护型传统乡村注重生态环境的保护和可持续利用，通过生态农业和生态旅游等方式，推动农业的现代化和乡村经济的多元化发展。

三、案例展示

1. 浙江省宁波市余姚市中村村

中村村入选了第一批中国传统村落名录，是中国美丽休闲乡村。它于浙江省宁波市余姚市鹿亭乡东南部，四明山山脉东麓，地势南高北低，晓鹿大溪穿村而过。村落距余姚城区、宁波城区均约 40 千米。全村总面积 8.2 平方千米，由中村、算坑两个自然村组成。中村村始建于唐，历史源远流长，青山、秀水、古庙、古桥、古民居等展现了独具特色的浙东乡土古村落风貌。区域内主要有金牛山、算坑次森林等自然景观，森林覆盖率达到 84% 以上；村内拥有众多的历史人文景观，如白云桥、仙圣庙、古戏台、中村战斗纪念碑等人文景观节点和舞龙、沙船、抬阁等民俗风情资源以及竹木制品等风物特产。历史上有众多名人写下不朽的诗词，还有"金牛望月""三十二口井"等民间传说。

目前是宁波古村落休闲旅游基地，拥有民宿集群等旅游产业。村落保留了整体脉络结构，梳理了村内交通，满足现代生活的需求；同时，对建筑进行分级处理，白墙青瓦作为整体的建筑风格，村口等作为景观节点进行打造，满足乡村旅游的需求。鹿亭中村周边有清澈的溪流和茂密的竹林，将其打造为露营基地，给游客提供了与大自然亲密接触的机会。此外，鹿亭中村至白鹿之间有一条长达 10.5 千米的游步道，它串联起峡谷、溪流、村庄等自然人文风光，成了休闲健身的好去处（图 3-1、图 3-2）。

图 3-1　浙江省宁波市余姚市中村村廊桥　　图 3-2　浙江省宁波市余姚市中村村口

2. 福建省泉州市晋江市梧林社区

梧林社区即梧林传统村落，入选了第四批中国传统村落。梧林社区地势西北高、东南低，村民围塘而居，古有"三脚筐"的美誉。村落形成于明洪武年间，清朝初期形成村庄的初步规模，清末民国时期，大量旅居华侨归国投资建设，村庄规模不断扩大，建筑风格也呈现多样化趋势，形成了独特的侨乡风貌。村内现存明朝百福墙、清朝官式红砖大厝、近现代哥特式和罗马式洋楼、番仔楼等各式古建筑136幢。其中，具有代表性的"五层厝""朝东楼"等，不仅外观精美，而且内部结构和装饰也极具特色，体现了当时华侨的财富和审美追求。

为保护好古建筑和文物，晋江市于2017年初启动了梧林传统村落保护发展项目，本着"固态保护、活化传承、业态引入"的原则，对梧林村进行活化保护。对各历史时期有价值的建筑，采用传统工艺保护修缮，展现了民国时期闽南侨村风貌。梧林村凭借其独特的建筑风格和丰富的历史文化资源，积极发展乡村旅游，在传统建筑中引入多种业态，使得梧林村转型为旅游型乡村，沉浸式打造"家国情、醉闽南、意南洋"主题旅游景区（图3-3、图3-4）。

3. 云南省大理白族自治州大理市喜洲镇喜洲村

喜洲村坐落于云南省大理喜洲古镇之中，是大理白族文化的重要发源地之一，是第一批列入传统村落名录的村落并入选"中国村庄名片""中国十大古村"。喜洲村地理位置优越，背靠苍山五台峰，依山而建，面对洱海，形成了与自然地形和谐共生的村落布局。该地区历史悠久，文化底蕴丰富。喜洲村的历史渊源，源于汉武帝时期设立益州郡叶榆县，其遗址正位于喜洲区域，历经隋、唐、宋、元、明、清数朝。

村落周围常有农田环绕，村落内部的街道布局呈现棋盘式格局，街道笔直，规划有序。村内的广场或集市等公共空间，是村民集会、交流和节日庆典的场所。"三

图3-3 福建省泉州市晋江市梧林传统村落
（图片来源：福建日报）

图3-4 梧林红砖古厝
（图片来源：福建日报）

坊一照壁"和"四合五天井"是最为常见的白族民居建筑形式。建筑中的木雕、石雕和砖雕工艺精湛，雕刻内容常以花鸟、人物、神话故事等为题材，展现了极高的艺术价值和工艺水平。云南省先后出台了多项政策文件，如《云南省政府办公厅关于传统村落保护发展的指导意见》《云南省"十四五"城乡建设与历史文化保护传承规划》等，为喜洲

图 3-5 云南省大理白族自治州大理市喜洲镇喜洲村
（图片来源：云南省文化和旅游厅官网）

的传统村落保护提供了政策支持和指导（图 3-5）。

第二节 更新型乡村

更新型乡村是一个相对的概念，顾名思义"更新"是与"旧有"的对比。随着时代的发展，更新型乡村是用更加科学合理且具有人文关怀的建设去更迭和再成长。其实更新伴随着上述每一种类型的乡村建设，它可以是一个广义的概念；具体来看，除去上述极具鲜明风格的乡村，本节涉及的是在乡村振兴背景下具有可利用、可挖掘、可再生和可创新资源的乡村建设情况。更新的着眼点在于公共空间的更新、建筑内外的更新、理念的更新以及文化的更新，所遵循的设计原则依然是可持续发展原则。

一、概述

在乡村振兴战略背景下，传统农村村落，尤其老旧或破旧的农村环境研究是十分必要的。随着乡村振兴、美丽乡村等政策的实施，国家和各级政府与建设单位不遗余力推进建设，很多传统乡村中存在的问题也逐步被发现和被提出，更新型乡村的其中一个形成背景就是废弃与闲置。由于我国城乡二元化历史问题，人口的迁徙与乡村人口流失导致城乡发展失衡，农村土地荒废、房屋院落闲置。内在生产力不足导致无有效对外经济驱动与转化，很多乡村逐渐失去活力。更新型乡村的主要立足点就在于对废弃的再生和对闲置的活化。每一个乡村都有自己的一段历史，在这里生活过的人、发生过的故事，每一座建筑存在的意义、每一处院落和田间不一样的风景，都可以被重新发现和利用。

更新型乡村形成的另一种背景是对文化的更加重视，从而使得发展理念得到改变。有些乡村的发展状况并非较差或破旧，其根本问题在于没有自身特色和亮点，也就无法吸引更多的资源。乡村振兴重在文化振兴，以文化助力建设、以文化启发创新，是更新型乡村的发展源头。立足本土地域，深挖本地传统文化，结合现代设计手法对景观、建筑和乡村产业产品进行全面设计提升，提供一定的公共空间吸引具有文化气息的活动，如艺术乡建、文化讲堂、乡村阅览室等，并在其中植入商业经营项目，形成文化带动产业的更新模式。

在保持乡村特色的基础上，通过创新和改革，实现乡村经济、社会、文化和生态的发展的多个方面的成效。

实现经济和产业的发展。更新型乡村发展注重产业结构的优化升级，发展现代农业、乡村旅游、绿色产业等新兴产业，提高农民收入。同时，通过发展农村电商、农产品加工等产业，拓宽农民增收渠道，促进乡村经济的可持续发展。

基础设施建设得到加强。更新型乡村发展重视基础设施建设，旨在提高乡村居民的生活品质。包括改善乡村风貌，保护和修葺建筑，规划乡村景观，改善乡村道路、水利、电力等基础设施，提升乡村公共服务水平。此外，通过发展智慧农业、农村互联网等现代信息技术，推动乡村信息化建设。

生态得到更好保护。更新型乡村发展强调绿色发展，保护乡村生态环境。通过实施生态补偿、退耕还林等政策，保护乡村生态系统。同时，推广绿色农业技术、绿色经济、绿色旅游，减少农业生产对环境的污染，实现乡村生态的可持续发展。

城乡融合得到进一步加强。更新型乡村推动城乡融合发展，缩小城乡基础设施建设差距，优化乡村公共服务设施。与城市互通有无，使乡村在知识、信息、技术和观念上得到更好的发展，促进城乡居民共享发展成果。

在上述总体发展状况之下，诞生了很多更新改造实施成效显著的乡村类型，具体的实例有：

（1）特色小镇的诞生

特色小镇是打破"千镇一面""跟风式"改造的一条思路，也是探索性的尝试。经改造建设后，大多数特色小镇兼具产业载体和文旅功能，并以此推动经济发展。在原有条件下，根据地域特征和当地特色产业，特色小镇的打造从功能定位、发展趋势、地域特性、产业规划上统筹考虑。如玉皇山南"基金小镇"，被称为杭州版的"格林尼治小镇"。特色小镇的发展要着眼于地域文化元素特色的挖掘，其创建路径从既有资源优势出发，将旧有建筑和公共空间进行更新改造；也有从历史和文脉的寻找出发，通过"文创兴镇"的方式，更新为历史风貌的特色小镇；还有打造生态、宜居的环境的方式，体现人与自然和谐共生发展，利用现有自然条件，植入可疗养居住的空间，将原本普通的村落更新为健康宜居特色产业。

（2）田园综合体的诞生

"综合体"是一个在城市中常见的业态，比如商业综合体，是指其满足了多种功能的集合，使人们在其中一站式休闲消费。而田园综合体是集现代农业、休闲旅游、田园社区于一体的全新乡镇综合发展模式。结合时代特征，根据现代乡村旅游及产业业态，将原有村落更新为集餐饮、休闲、展示、住宿等多功能空间的乡村田园综合体，使乡村具有持续的发展活力。

（3）乡村公共服务设施的加强

这类更新一般基于原有陈旧或闲置建筑物、设施等，增加活动中心、增加文化展示以及增强养老设施环境。把乡村闲置的公共建筑改造更新为村民活动中心、党群服务中心、村史馆等，是目前乡村闲置建筑改造利用的一种方式。如浙江松阳平田村将闲置房屋改建成农耕馆，在保留了旧式房屋传统风貌的基础上，进行了有机更新，一楼用作展厅，二楼用作艺术家民宿，同时也兼作村内开放式的图书馆。

（4）社会文化行业的融入

这类更新是将闲置、废弃与增强文化属性、加强创新性相结合的更新方式，比如将闲置房屋出租给从事文化艺术事业的艺术家或文艺工作者，更新改造成艺术家工作室、影视拍摄基地、文创制作工作坊等。如杭州龙坞茶村，除茶叶种植外，该地景色更是吸引了大量艺术工作者前来采风，所以当地提供场地举办市集活动，俨然形成了画家村的风貌。又如创办于 2013 年并定期举办的乌镇戏剧节，选择在有上千年历史的江南水乡乌镇，从此这个江南小镇有了不一样的气质，古老的村镇注入了更多新鲜的文化元素，演员、剧作家工作室的入驻更是为村庄增添了活力。

二、设计原则

更新型的乡村改造在实施中设计方法和原则十分综合，因原有的乡村现状、历史背景各不相同甚至差距明显，因此设计基于更新对象和预期效果出发，更具针对性。

1. 保护为主原则

更新型乡村的保护原则应更加强调甄别。因为与各级传统保护类乡村或遗产名录中的建筑不同，普通村落是我国乡村的绝大多数，现有更新转型成功的案例，无一不是仔细甄别、挖掘原有条件，保留下来的不仅是物质，更是可以延续和活化的文化基因。所以，保护既是对生态的保护，也是对文化的保护和传承，使环境设计与乡村的自然生态、历史背景以及文化身份相协调。

2. 持续再生原则

更新型乡村改造建设离不开再利用和循环，不提倡一律推倒重建。再利用是指对环境的再利用，也可以指对文化的再利用；而循环是可持续发展的方法之一，包括生态良好循环、人与自然关系的良好循环、经济的有效循环以及乡村自身发展与外界的良好循环。这些原则重点运用在更新型乡村中，更能凸显更新和成长的过程与意义。

3. 外朴内适原则

更新的目的不在于表面，更不为新而更。传统村落根据民居老屋的空间形态、结构状况，低耗多能地进行民居空间形态的微改造；乡村环境尊重原有规模，布局合理、尺度适宜、凸显山水、突出自然。考虑到实际居住的村民以及外来游客是否有乡土特色的归属感，可运用现代理念及设计手法，实现传统老旧环境的更新再生设计。

三、案例展示

1. 变废为宝，就地取材——山西省忻州市岢岚县宋家沟村

吴良镛院士提出的"有机更新"理论，与传统"一刀切"拆改模式不同。通过将旧有闲置、废弃的空间环境提升改造、活化利用，因地制宜、就地取材，这种更新方式成为设计中的一大亮点。

山西省忻州市岢岚县宋家沟村乡村改造项目，是在周边自然村村民移民安置以及该村难以承担旅游集散入口位置功能的情况下开展的。此次改造的亮点在于对老旧、闲置和废弃空间、建筑的更新利用。如对人民公社进行翻新改造，增强了公共空间场地的流通性；对废弃供销社的更新再利用，不仅吸引了民宿投资，还在公共院落翻新了戏台，成为村民日常交流的场所（图 3-6~ 图 3-9）。

2. 资源共享，绿色低碳——浙江省衢州市龙游县溪口村

共享、低碳、智能等这些城市中流行的词语和生活理念也逐步成为乡村环境更新改造中的亮点。乡村可挖掘的资源很多，比如共享食堂、共享院落、乡村礼堂多功能化、共享农场等，乡村版未来社区也有希望逐步建成（图 3-10、图 3-11）。

3. 文化创新，人文关怀——四川省成都市彭州市小石村

文化能为设计注入亮点，传统村落旧环境更新不应只局限于表面，更应深入挖掘研究当地地域文化及建筑本身所蕴含的文化。在推动经济振兴的同时，以文化建

图 3-6　人民公社改造前
（图片来源：中国乡建院）

图 3-7　人民公社改造后鸟瞰
（图片来源：中国乡建院）

图 3-8　人民公社内部
（图片来源：中国乡建院）

图 3-9　人民公社院落
（图片来源：中国乡建院）

图 3-10　溪口村共享食堂
（图片来源：乡伴朱胜萱工作室、
上海时代建筑设计院）

图 3-11　溪口村文化礼堂公共空间
（图片来源：乡伴朱胜萱工作室、上海时代建筑设计院）

设为思想指引。我国著名建筑学家梁思成说过："建筑之文化与地域文化活动二者之间实则相互关联、互为因果。"对其进行研究，可以激发人们对中国传统文化的热爱，赋予传统民居建筑新的生命活力，进一步增强人们的民族自信。

　　四川省成都市彭州市小石村更新改造项目的一大亮点是规划打造一处具有当地特色的文化大院。这个场所既可以是艺术空间，也可以作为展览空间，还能和研学、商业服务等多种业态结合，平时也能作为村民日常社区活动的公共空间（图3-12~图3-14）。

　　位于山东日照南湖镇的凤凰措艺术乡村项目，以艺术文化更新让一个废弃村落，拥有了新的价值。该村原名杜家坪，在城市化进程中沦为空心村，大部分老房子已坍塌，仅遗留十几套。凤凰措整体被定位为乡村艺术区，包括民宿酒店和艺术家工作室，设有林中美术馆、水上剧场、山顶教堂、山畔禅苑、图书馆、博物馆等文化空间，以及茶室、咖啡厅、餐厅、儿童公社等休闲空间。同时，保留一个区域打造为老房子博物馆（图3-15~图3-18）。

图3-12　小石村龙门·柒村艺术设计中心
（图片来源：时地建筑工作室）

图3-13　艺术中心向乡村展开，作为社区中心
（图片来源：时地建筑工作室）

图3-14　艺术中心内部
（图片来源：时地建筑工作室）

图3-15　保留了原有建筑的凤凰措艺术乡村
（图片来源：北京观筑景观规划设计院）

图3-16　凤凰措民宿接待中心
（图片来源：北京观筑景观规划设计院）

图 3-17 素颜餐厅
（图片来源：北京观筑景观规划设计院）

图 3-18 保留老院落基底的更新改造
（图片来源：北京观筑景观规划设计院）

第三节 产业发展型乡村

一、概述

随着乡村振兴的深入推进，乡村特色产业呈现高速发展的态势。产业布局不断优化，区域特色基本形成；产业化、市场化水平不断提升，品牌化趋势明显。经营主体多元化发展，合作模式多样化，已经成为乡村振兴的重要产业支撑。产业发展型美丽乡村模式，其主要特点是产业特色鲜明、优势突出，农民专业合作社、乡村龙头企业发展基础较好，整体产业化水平高，形成"一村一品""一镇一业"，实现生产聚集、规模经营的农业产业化，使得农业产业链条不断延伸，带动当地经济整体发展。此模式比较适宜于产业优势明显的农村地区。产业是美丽乡村建设的基石，但并非所有农村都适合选择产业集聚带动型美丽乡村建设模式，这种模式主要针对经济条件相对较好、产业特色和优势突出的村镇。

产业发展型乡村以发展特色产业、提升乡村经济、改善农民生活为目标，通过产业的发展推动乡村的经济繁荣、社会进步和生态环境改善。在产业发展型乡村中，产业结构的优化和升级，以及产业链的延伸和完善，都为乡村的发展带来了新的机遇和挑战。

二、设计原则

设计过程中需综合考虑到环境条件、产业布局、乡村特色以及整体发展，做到宏观规划、局部调整、协同发展。同时，结合乡村实际情况，以大力发展原有优势产业为基础，从生态环境可持续发展的角度进行设计。

1. 明确乡村产业结构的次序排列组合等基本情况

产业发展型乡村设计前，应充分了解乡村产业结构情况、特色产业以及一产、二产、三产之间的比重，以便于对乡村进行更加全面的规划设计和详细设计。乡村产业结构具有多层次性，不同的乡村产业类型对乡村景观的分布具有较大的影响，乡村产业类型与乡村景观呈现出一一对应的关系，乡村景观随着乡村产业结构的变化而变化。设计师应详细调研乡村产业发展状况、自然和文化资源、社会经济情况、区域交通等内容，在对产业发展型乡村进行全面的分析基础上，提出合理美观的乡村设计方案。

2. 统筹引导，促进集群发展功能

打造产业集群，积极促进产业联动发展，特别是加快乡村第一产业与第三产业的协同发展。通过设计，将产业节点串联起来，加强节点之间的联系，对产业资源进行整合，促进乡村产业集群的发展，从而打造具有乡村特色的产业链及产业区块。

3. 深度挖掘特色产业，打造乡村特色

产业发展型乡村的设计应深度挖掘乡村特色产业，将城镇产业集群与乡村特色产业相互融合，形成一个全面的有机整体，提高城市与乡村协同发展的能力。同时打造乡村特色，优化乡村产业基础，扩大地方特色品牌效应，促进乡村活力提升。

三、案例展示

河北省承德市隆化县西道村，紧邻京承出游黄金线路，靠近茅荆坝国家森林公园和热河皇家温泉度假区，地理位置优越。西道村生态环境优美，森林覆盖率达到70%以上，为村庄的发展提供了良好的自然基础。曾经，这里只是一个人均纯收入不足3000元的小乡村。然而，随着乡村振兴战略的深入实施，西道村迎来了发展机遇，先后荣获"全国乡村治理示范村""中国美丽休闲乡村"等荣誉称号。

西道村依托其独特的地理位置和丰富的自然资源，大力发展草莓产业，开启了产业转型与升级的崭新篇章。通过全域、全产业链的规划，西道村逐渐形成了以草莓为主导产业、多元业态的"草莓公社"。这不仅改变了西道村的传统农业结构，还极大地提升了村民的生活质量和收入水平，使西道村一跃成为当地乡村振兴的典范。

西道村草莓产业已实现规模化与品牌化，通过规划团队的精心打造，西道村的草莓种植面积达到了1100亩，占全村耕地的一半以上。草莓产业不仅实现了规模化种植，还通过品牌塑造和营销推广，提升了产品的附加值和市场竞争力。通过产业融合发展的模式，在草莓产业的基础上，进一步融合了温泉疗养、民宿体验、休闲

农业等多元业态，形成了"草莓采摘、温泉沐浴、民宿体验"为主题的特色风情小镇。这种产业融合发展的新模式，不仅丰富了游客的旅行体验，还带动了当地相关产业的协同发展。西道村通过成立西道旅业公司，以大户资金、土地入股的形式，吸纳草莓种植大户参与经营，采用"公司＋基地＋农户"的经营方式，实现了产业资源的优化配置和利益共享。

在乡村环境建设方面，西道村首先注重生态环境保护与修复工作。通过实施垃圾分类、污水处理等环保措施，有效改善了乡村环境质量。通过加强绿化景观美化工作，种植了大量的花草树木，提升了乡村的景观品质。其次，西道村注重乡村文化的保护与传承。在村庄规划建设中，充分融入了草莓文化元素和当地民俗文化特色，通过建设草莓主题亲子体验农场、草莓展示体验中心等设施，让游客在体验中感受乡村文化的魅力。同时，还建设了游客接待中心、停车场、观景台等旅游服务设施，为游客提供了更加便捷舒适的旅游环境。如今的西道村，已经成为一个生态环境优美、文化底蕴深厚、产业特色鲜明的乡村旅游目的地。

第四节　文旅资源丰富型乡村

一、概述

文旅资源丰富型乡村，指的是拥有丰富文旅资源的农村地区。这些资源不仅具有独特的魅力和吸引力，而且能够为乡村旅游带来丰富的文化体验和情感共鸣，进而推动乡村经济的发展和乡村振兴。在乡村环境的塑造方面，可以发挥乡村特色，深入挖掘资源特点，围绕文旅开发进行场地整合，提升整体乡村环境氛围。

1. 因地制宜

首先，乡村文化旅游资源具有自然性和原生性。由于受工业化、城镇化影响较小，乡村地区保留着原始的自然生态，呈现天然性特征。这种自然性、原生性、天然性的特征，正是持续吸引城市居民的关键所在。

其次，乡村文化旅游资源具有俗文化性及民族性。乡村文化旅游的兴起，根源在于当地的民俗文化以及显著的民族色彩。只有将当地的民族风情、乡村民俗、乡土文化有机融合，才能凸显出乡村文化旅游较高的艺术格调和文化品位。

2. 蕴含丰富的文化遗产

文旅资源丰富型乡村通常承载着丰富的文化遗产。这些乡村地区具有悠久的历史和传统文化特色，如古老的建筑、传统的手工艺品、独特的民俗风情、著名的历史人物或历史事件等。这些文化遗产不仅代表着乡村地区的历史和文化传承，也吸引着游客前来体验和学习。乡村居民通过举办传统节日、展示手工艺品等活动，让游客深入了解当地的文化传统，促进了乡村文化的传承与发展。

3. 拥有美丽的自然景观

文旅资源丰富型乡村以其独特的自然景观而闻名。这些乡村地区通常被环山、环水所包围，或者拥有独特的地形地貌和优美的自然风光。壮丽的山峦、流淌的溪水、郁郁葱葱的森林、波澜壮阔的大海等场景构成了乡村的壮丽画卷。这些自然景观不仅提供了宜人的环境，也为游客提供了丰富的户外活动机会，如登山、徒步、野外探险等。同时，这些自然景观也为乡村旅游的发展提供了独特的资源基础。

二、设计原则

1. 经济效益与环境保护的平衡

文旅发展与乡村环境关系密切。旅游业的兴起为乡村地区带来了就业机会，提升了居民的收入水平，推动了当地经济的发展。同时，文旅业的发展也带动了相关产业的繁荣，如农产品加工、手工艺品制作等，促进了乡村经济的多元化发展。

然而，与经济效益相随的是对乡村环境的保护和可持续利用的要求。乡村地区作为自然生态系统和文化遗产的宝库，需要得到妥善的保护和管理。因此，文旅发展应在追求经济效益的同时，注重环境的保护与可持续利用。这需要制定科学合理的规划和政策，加强环境监测与管理、限制游客流量、控制开发强度、保持生态平衡，以确保乡村环境的可持续发展。

2. 文化传承与乡村发展的融合

文旅发展与乡村环境之间的另一个重要关系是文化传承与乡村发展的融合。乡村地区承载着丰富的历史文化和传统乡土文化，而文旅产业的发展为这些文化资源的传承和弘扬提供了机会。

通过挖掘乡村地区的历史文化和民俗风情，打造独具特色的文化旅游产品，吸引更多游客前来体验并了解当地的传统文化。同时，文旅发展也为乡村地区的文化传承提供了经济支撑和保障，为居民传统手工艺、传统节庆等提供了发展空间，促进了文化的传承与创新。

3. 环境保护与可持续发展的协同

文旅发展与乡村环境之间需要实现环境保护与可持续发展的协同。在文旅发展过程中，保护乡村环境是至关重要的。保护型的文旅发展模式强调对自然生态和文化资源的保护与利用，通过限制开发强度、加强环境监管和管理等措施，保持乡村地区的生态平衡和可持续利用。只有在环境保护的前提下，文旅业才能实现可持续发展，为未来乡村地区的繁荣和发展提供长期支持。

三、案例展示

1. 云南省保山市腾冲市新乐村

腾冲有着丰富地质和温泉资源，新乐村充分发挥资源优势，积极利用当地的文旅农旅资源，打造温泉小镇。腾冲的旅游资源规模大且集中，自然旅游资源和文化旅游资源实现了有机结合。火山温泉、地热等火山资源属国内一流，在世界上也有一定的竞争优势。村庄周边有翠绿的山岭、宽阔的草地和传统的民居，这些自然和人文景观共同构成了村庄独特的旅游吸引力。游客可以欣赏壮丽的地质奇观，体验独特的天然地热温泉，还可以参加农事体验和民俗文化活动。随着文旅产业的发展，周边村民的就业和收入也得到了显著提高，提升了居民的生活水平，同时也加强了对地质和温泉资源的保护与管理。

2. 江苏省苏州市昆山市周庄古镇

周庄古镇是世界闻名的中国历史文化名镇，也是江南水乡的代表之一。该古镇以其独特的水乡风光、古老的街巷和传统的建筑风格而著名。主要景点有富安桥、双桥、沈厅等。"井"字形河道上完好地保存着14座建于元、明、清各代的古石桥。800多户原住民枕河而居，60%以上的民居依旧保存着明清时期的建筑风貌。周庄古镇通过开发文旅项目，如古典园林观赏、传统手工艺制作和特色美食品尝等，吸引了大量游客前来游览和体验。这不仅为当地居民创造了就业机会，也促进了周庄古镇的文化传承和乡村发展（图3-19）。

图3-19 江苏省苏州市昆山市周庄古镇
（图片来源：新华社）

复习与思考

1. 思考乡村环境设计与城市设计有哪些区别。

2. 谈谈你对乡村环境设计的理解和看法。

3. 谈谈你对乡村环境发展趋势的看法。

课堂实训

1. 用自己的话概括中国乡村环境的发展历程。

2. 查找资料，挑选一个优秀的乡村环境设计案例进行分析。

第四章

乡村环境设计的基本流程

本章概述

在前述章节学习了解了乡村概况和乡村环境建设的基础知识后，本章节进入到乡村环境改造具体实施的主题中。以环境设计思维为改造行动的指导，根据乡村环境项目的调研、设计及施工改造的完整流程分步讲授设计师在其中的工作内容及职责，其中包括前期调查、细致的调研分析、具体的方案设计以及施工落地中设计管理，项目完成后的设计验收、资料归档等一系列环节。

学习要点及目标

1. 清晰了解实地踏勘目的，带着问题进行调查，掌握调研分析的方法。
2. 掌握设计方法和步骤，以设计思维为指导进行。
3. 注重落地，重视整体流程的完整性。

核心概念

调研分析、设计思维指导、整体流程

课程思政内容及融入点

环境改造项目离不开设计思维的整体贯通，以及精工巧匠式的构思与动手打磨。这需要了解我国乡村的历史渊源和明确当代需解决何种问题后，深刻体悟传统文化中优秀的造物美与工艺美。从古代到近代，一是以传统中的经典案例为学习和参照，二是在设计与实施环节亲自动脑动手，以达到在学习思考我国经典设计造物思维方式的同时，启发当代的创新创意思维。

第一节　前期调研

一、任务解读

这一阶段是指在上位规划和项目策划的指导下，在明确了具体目标地块设计任务的情况下，已经通过招投标或委托确定了设计服务方，由设计人员对承接的项目进行任务解读。这一过程中，对项目组成员进行任务分配，通过查找相关资料、问询及现场实地踏查后综合分析得出调研结果，以此作为科学、合理、适地、适宜提出设计方案的重要依据与基础。

1. 解读任务书

设计任务书一般由委托方或招投标文件编制而成，设计人员应注重解读以下信息。

（1）项目背景与目标

为满足各级政府政策要求、上位规划与项目策划，明确项目的背景信息，包括地理位置、社会经济状况、环境特征、用地指标情况等，明确设计的目标和预期效果。

（2）设计原则与指导思想

确立设计的基本准则，如尊重自然、因地制宜、人文关怀、可持续发展等，在这些原则下设计师以设计思维统领规划，使设计具有一定的创新性和前瞻性，并以此为指导进行具体设计。

（3）功能分区与规划

根据乡村的实际需求，合理规划生产、生活、娱乐、接待等功能区域，确保空间的有效利用。

（4）景观、建筑与细节设计

选择适合当地环境的植被、水体、道路、照明等景观元素，设计符合当地传统风貌和历史文化的建筑和构筑物，注重细节处理，提升环境品质。

（5）实施步骤与管理

制定详细的实施计划，包括时间表、预算、施工方法等，并建立长效管理机制，确保项目的顺利进行和维护。

（6）其他相关资料的提供

甲方应通过图纸、文字、图片、视频或其他形式提供与项目相关的资料，提供场地基本设计参数以及与场地基础相关的必要资料，如地质情况、基础设施情况、能源供给情况、公共设施和交通情况，以及抗灾害等级要求、环境保护等级要求等。

对于任务书中未明确或不理解的部分，设计方应归纳整理，以文本形式与委托方进行沟通明确。任务书是一项设计项目的根源，是需要解决的问题之眼，只有在充分解读和理解的情况下，项目才能不偏不倚地有效进行，满足建设工作的各项指标。

2. 项目任务分配

设计项目任务分配是非常关键的项目管理过程。乡村环境设计实施过程的设计任务分配与其他类项目原则基本一致，能确保项目团队成员明确自己的职责和工作内容，从而提高项目的效率和成功率。乡村环境设计项目任务分配一般内容和注意事项有以下几个方面。

（1）明确项目目标和范围

在分配任务之前，首先要确保所有团队成员都了解项目的目标、范围和预期成果。这一步骤基于上述对项目任务书的解读，在一定解读的基础上进行分配，有助于团队成员理解他们的工作如何与项目的最终目标相联系。

（2）评估团队与制定分解结构

评估团队主要是对项目组内人员技能和资源的评估，根据项目需求评估团队成员的技能、经验和可用资源，了解每个人的专长和限制，以便合理分配任务。在此基础上，分解任务结构，将项目分解为更小的、可管理的任务和子任务。这有助于清晰地定义每个任务，便于分配给团队成员。

（3）分配任务

根据团队成员的能力和任务需求，将任务分配给最适合的人。这一环节有些灵活因素需加以考虑：

– 谁有完成特定任务所需的技能和经验？

– 谁有空余时间来承担新任务？

– 谁最适合领导特定的工作或解决可能出现的问题？

（4）设定节点、截止日期，并随时监督支持

为每个任务和子任务设定明确的里程碑式节点和截止日期，以便于跟踪进度和确保项目按时完成。在这一过程中，项目经理或团队负责人应定期监督任务的进展，并提供必要的支持，这有助于每个节点遵循计划完成。如果遇到问题或延误，应及时调整任务分配。

（5）沟通和协调、鼓励团队合作

每个团队成员都应清楚自己的任务和责任，以及每个人的工作如何与其他团队成员的工作相互关联。提供、寻求必要的信息和资源，积极询问沟通自己不理解的内容和遇到的困难。培养和具备团队精神，以便于资源共享、知识传递和问题解决，提高整体效率。

（6）按时记录更新、做好评估与反馈

保持项目文档的更新，记录任务分配和进度情况。这有助于未来的项目管理和团队成员之间的信息共享。项目完成后，评估团队成员的表现和任务分配的效果。最后，收集反馈，以便在未来的项目中改进任务分配过程。

一项环境设计项目的完成从来都不是孤军作战，通过以上步骤，可以确保乡村环境设计项目的任务得到有效分配，每个团队成员都能发挥自己的长处，在每一次团队合作中培养合作精神，共同推动项目的成功实施。

二、实地踏查与询问采访

实地踏查与询问采访是乡村环境设计和规划过程中的关键环节，它涉及对项目场地的全面评估和深入分析。这一过程通常由景观设计师、建筑师、规划师主导，必要时环境科学家以及其他相关专业人员也会共同参与。实地踏查与询问采访可同时进行，也可以在具备一定资料掌握后，对相关人员进行采访调查。

1. 实地踏查的要点

实地踏查的过程需明确三个核心问题：实地踏查的目的、实地踏查的工作内容、实地踏查后的工作步骤。

（1）实地踏查的目的

－了解场地特征，包括地形、地貌、土壤类型、植被覆盖状况、水文条件等。

－评估环境影响，识别可能对设计有影响的环境敏感区域或受保护的物种栖息地。

－收集精确数据，如尺寸、高差、现有道路和路径、建筑物位置等。

－了解乡村现状和文化因素，了解当地乡村的生活、生产现状，倾听需求，挖掘本地文化背景和历史价值。

－掌握乡村现有设施，一方面关注交通状况，了解交通可达性，评估场地的交通状况和对外连接情况；另一方面关注基础设施和服务，包括记录场地内的基础设施建设情况以及公共服务情况，如水电供应、排水系统、通信网络等。

－识别潜在开发限制，如法律法规、土地使用权限、建设成本等。

（2）实地踏查的工作内容

－前期准备：在实地考察前，收集和研究相关的地图、航拍照片、历史资料、气候数据等。

－场地勘察：亲自走访乡村实地，观察并记录场地的自然和人造特征。

－测量和绘图：使用专业设备如全站仪、GPS等进行场地测量，并绘制地形图和现状图。

　　–样本采集：采集土壤、水样、植物标本等，以便进一步的实验室分析。

　　–影音记录：通过拍照或录像来记录场地的现状，为后续设计提供直观、客观和清晰的资料。注意拍摄手法，尽量做到全面准确记录。

　　–环境监测：在必要情况下进行空气质量、噪声水平、水质条件等环境监测。

　　–可行性分析：由于乡村环境设计的复杂程度不同和体量因素，踏查可分多次组成，根据每次踏查结果，初步评估项目的可行性和潜在的设计方向。

　　（3）实地踏查后的工作步骤

　　–数据分析：整理和分析踏查收集的数据和信息。

　　–概念方案准备：根据踏查结果和设计任务书中的项目策划依据，开始初步的概念设计资料收集工作。

　　–反馈调整：将踏查发现的问题和机遇反馈到调研报告中，用于将来的沟通、询问以及设计方案的思考。

　　实地踏查是确保乡村环境设计项目成功的必要条件，它帮助设计师深入理解场地特性，为创造性和可持续性的设计方案奠定坚实的基础。

2. 询问采访

　　乡村环境设计因与当地居民的生产生活和乡村发展息息相关，询问采访对于深入了解乡村实际情况尤为必要。询问采访是收集乡村居民、业主、游客以及其他利益相关者意见的有效工具。通过询问调查，设计师可以了解当地社区的需求、期望和对乡村环境的看法，从而制定出更加符合当地实际情况的设计方案。仅以对居民问卷调查的形式为例，列举在设计前一般需掌握的问题。

　　–基本年龄信息。

　　–您的职业是什么？

　　–您在本地区居住了多久？

　　–景观使用与满意度如何？

　　–您通常如何利用乡村公共景观设施？

　　–您对当前乡村景观和建筑风貌的满意度如何？

　　–您认为当前乡村景观中哪些方面需要改进？

　　–您对环境的需求与期望是什么？

　　–您希望乡村景观设计中包含哪些元素或功能？

　　–您认为乡村景观设计应该如何反映当地的文化和历史？

　　–您是否愿意参与到乡村景观设计的讨论和决策过程中？

　　–您有什么建议或想法想要分享，以帮助我们改善乡村景观设计？

以上仅列举一个问卷示例，每一个问题后可设置若干选项提供选择。在实际工作中，问卷应根据具体的项目需求和目标进行定制。此外，为了提高问卷的回应率，可以考虑提供一些小激励，如抽奖、小礼品等激发民众的参与热情。

三、相似案例调研

设计案例调研是了解和学习成功乡村环境设计项目不可或缺的前期工作之一。通过对国内外优秀的乡村景观、建筑设计案例的深入研究，设计师可以汲取经验、启发创意，并将最佳实践应用于新的项目中。

1. 选择案例

选择与当前项目相似或具有参考价值的乡村景观设计案例，可以考虑以下类型的案例。

- 成功的乡村旅游开发项目

- 生态恢复与保护项目

- 社区参与和乡村振兴项目

- 文化遗产保护与利用项目

- 绿色基础设施和可持续设计项目

案例的选择除按上述分类进行筛选，也可以按照相邻地域、相近文化、相似地形或相同设计目标来进行查找并参考学习。案例选择的过程本身就是一个学习的过程，最好的整理习惯是日常工作中形成优秀案例资料库并定期增加和更新。资料库是基础的学习和掌握内容，是设计师的知识储备；而每次因新的设计任务进行有针对性的考察和搜集案例，是有方向性的筛选训练培养分析、提取有效信息的能力以及设计审美力。

2. 收集资料

搜集相关案例的详细资料，包括但不限于以下内容。

- 项目背景和概述

- 设计理念和目标

- 规划和设计方案

- 实施过程和方法

- 项目成果和影响

- 业主和使用者的反馈

收集资料即针对上述篇幅中的案例，带着直接目的整理和收集有效信息。以上列举的几个方面是每一项设计任务和项目实施需要解决的核心问题，是设计形成最终方案和成果的主要组成部分，所以在资料收集过程中要作为必不可少的关注点。另外，伴随着每一个待解决项目自身的独有特征和设计创新、设计赋能，资料的收集也可适当扩大其内涵和外延，进行跨专业、跨学科的知识补充。比如对于历史、社会学方面知识的必要补充；对于艺术是否可以介入本项目乡村环境设计的可能性探究；视觉系统与环境设计是否可以协调共生；互联网与智能化终端设备能否在本项目中发挥作用并有效运用等。完成设计方案、形成设计文本是思维的呈现，但若想设计思维更加完善、与时俱进和人性化适用，就需要扩充资料内涵，让设计服务适当延展，而正是这一部分的扩充和延展使每一个设计项目具有专属性思考，在设计文本看似相同的流程和组成部分中使设计思维拥有了一定深度。

3. 案例现场考察

进行实地考察以直观了解可参考项目的实地情况是最为直接的调研方法，设计师通过观察和体验能够获得最直观的感受。这一过程需注意观察的与设计有关的内容大致如下。

- 空间布局和功能分区
- 材料使用和施工技术
- 植被配置和生态环境
- 社区互动和文化活动
- 维护管理和运营模式

实地调研类似于社会学领域最为常用的田野调查法，在设计学领域，则是观察图纸如何转变为实践现实、检验设计成果的必由之路。因设计的最终意义是通过实践完成的，不能脱离实地，所以以真实案例、真实过程作为调研对象是最直观也最具说服力的。现场考察还有助于取其精华、去其糟粕身临其境地观看、使用以及感受环境和各种设施，询问乡民、游客等使用者，总结空间的使用感受，以在设计方案中尽可能避免不当问题。

4. 分析总结、比较研究以及分享交流

完成以上案例调研工作，对收集的资料和现场考察进行分析后，应形成案例总结，主要总结参考案例的成功要素和不足、不适宜参考之处。关注点应包括以下内容。

- 设计的创新性和实用性
- 生态和社会可持续性
- 文化和历史的融合
- 经济效益和投资回报
- 用户满意度和社区反响

–将不同案例进行对比，找出异同点及各自优势和局限性

团队成员之间应针对案例调研情况互通有无，将调研成果整理成报告或演示文稿，与团队成员、委托方分享。这不仅有助于传播知识，理解哪些因素对于乡村环境设计的成功至关重要，也可能激发更多的想法和合作机会。

5. 持续跟踪

对于一些长期项目，可以定期跟踪其发展变化，了解长期效果和维护情况，为未来的项目提供更多的数据支持。

通过以上的乡村案例调研，设计师可以获得宝贵的第一手资料和经验，为乡村环境设计提供坚实的理论和实践基础。

第二节 项目设计

这一阶段是经过前期调研形成方向目标后，项目的整体设计流程，是乡村环境设计与实施的核心环节。由整体到局部、由概念到可指导施工的专业施工图纸，既包含创意的设计思维过程也包括严谨细致的各项数据考证，尽可能确保项目计划的可行性。以设计流程和设计文本成果的呈现方式，一般可分为概念设计阶段、方案设计阶段、扩初设计阶段和施工图设计及绘制阶段。根据项目规模大小、难易程度及推进是否顺利等情况因素，这四个阶段并非固定不变的，也可以增加更详细的步骤，但涵盖的内容和需要传达的设计意图大体一致，都是为了更好地表述设计方案，形成能够指导施工落地的图纸语言。

一、概念设计

乡村环境设计的概念设计阶段是整个设计过程中的探索环节。之所以称为"探索环节"，是因为在这个阶段，设计师会基于前期调研和分析的结果提出设计的基本理念、目标和框架，并提出一个或几个概念性的设想和方向，设计虽未达到每项细节和一定深度，但足够把握方向，既有理念的高度又有落地的可行性。通过这一阶段的探索，可与委托方明确所提出的概念和方向是否符合预期。

1. 确定设计目标

根据调研结果和项目需求，明确设计的目标和预期效果，如改善乡村环境、提升生活质量、增强乡村凝聚力、保护生态环境、发挥文旅资源等。同时这个目标的实现有何目的与意义，对乡村整体形象和实力的提升要有所帮助，要重点突出和发

挥项目所在地的资源优势。

2. 制定设计理念

形成一种或多种设计思路，用精简的语言提炼该项目设计的中心思想，这些理念应当反映乡村的特色、文化、历史和自然环境。理念的提出源于乡村自身特点和历史渊源，再动听的理念如果不是围绕项目本身挖掘而出，最终是难以适用的。

3. 空间和功能规划

这是设计思维的理性方面考虑，直指切实的功能需求。需确定乡村环境中的主要功能区，如居住区、公共空间、休闲区、农业区等。规划或完善空间功能布局是设计的根基，只有根基合理牢靠，确保功能区的合理分布和相互联系，有效利用乡村可利用地、整合空间关系，后续所有设计预想才能有据可循，与之密切相关的交通路线、主体建筑、主体景观构筑物及设施设备等也会被合理安置。

4. 环境特征设计

设计具体的建筑风格和景观元素，结合现有乡村环境风貌和建筑文化，对改造或新建建筑提出风格提案；对水体、植被、地形、路径等景观设施作出提案。考虑环境特征与乡村活动的互动，如观光路线、户外教室、市集广场等。

5. 创造性思维和创意发展

这是设计思维的另一个重要呈现点，也很容易成为项目的亮点。通过头脑风暴、草图、概念模型等方式，探索不同的设计可能性。同时考虑创新的设计元素，如可持续性技术、地方艺术、传统工艺等的体现，结合乡村本地产业、乡土民情、民族特征等现存条件，有的放矢，让想法成为点睛之笔。

6. 成本和时间估算

对设计方案进行初步的成本估算和时间规划，包括项目建设所需投资和主要经营性一次投入概算，制定设计与施工工期计划，确保设计方案在预算和时间上是可行的。

7. 形成概念设计方案

将概念设计过程整理成报告，包括设计理念、概念方案示意图、视觉呈现图纸和预估成本测算等。报告应该清晰、有说服力，目标明确，设计风格鲜明，能够向客户和其他利益相关者展示设计的价值和潜力。

概念设计阶段的成果将作为后续方案设计和实施阶段的基础。因此，这个阶段需要设计师展现出高度的创造力和专业度，可以具有一定的前瞻性和概念性，不要求面面俱到，但应该有较强的专业指导意义，以确保设计方案既美观又实用，既符合乡村特色又具有可持续性。

二、方案设计

乡村环境设计的方案设计阶段是在概念设计基本确定方向后，进一步发展和完善设计想法的过程。在这一阶段，设计师将具体化概念设计中提出的理念和创意，形成详细的设计方案。

1. 设计方案的深化

根据概念设计阶段的成果，细化空间布局、功能分区、建筑形式和景观元素。确定具体的设计参数，如尺寸、材料、颜色、纹理等。

2. 技术细节的深入

解决技术问题，如排水系统、照明设计等。确保设计方案符合相关法规、标准和建筑规范。

3. 可持续性策略的实施

详细规划可持续性措施，如雨水收集、太阳能利用、植物种植等。计算和优化能源效率，减少环境影响。

4. 成本控制和预算编制

开展更精确的成本估算工作，包括材料、劳动力、维护等费用。根据预算调整设计方案，确保其经济可行性。

5. 图纸和文档的制作

依据概念方案所明确的风格，利用三维建模软件创建设计方案的可视化模型，制作实体模型或数字模型，以便更好地展示和沟通设计方案。制作功能图纸，包括平面图、竖向图、立面图、剖面图、细部图等，以详细介绍的实施做法。编写设计说明书和施工文档，为施工阶段提供指导。

6. 材料和技术选择

确定适合乡村环境的材料和技术，充分考虑其耐久性、美观性和地方可获得性。

探索传统和现代材料的结合使用，以增强设计的地域特色。

7. 设计方案的呈现

将最终的设计方案整理成专业的呈现资料，如报告书、展板、数字媒体等，以便向委托方、决策者和其他项目相关者展示设计方案，进而听取设计反馈。

方案设计阶段是乡村环境设计过程中的关键阶段，通过这个阶段的工作，设计方案将变得足够详细和具体，为后续的设计实施打下坚实的基础。

三、扩初设计

根据设计的难易和复杂程度，较完整的设计过程中会存在扩初设计阶段。乡村环境设计的扩初设计阶段，也称为详细设计阶段，是在方案设计阶段后进一步完善设计细节、准备所有必要的技术文件的过程。依据扩初设计成果，完成最后的施工图绘制工作。

1. 设计方案的细化

根据方案设计阶段的批准结果，对设计进行进一步的细化。解决所有尚未确定的设计问题，确保设计的完整性和可行性。

2. 材料和技术规格的确定

为设计中的每个元素确定具体的材料和工艺技术规格。选择符合设计要求的材料，考虑到成本、耐久性、维护和地方供应情况。

3. 详细工程量的考虑

详细工程量包括材料、设备和人工等。为预算控制提供准确的基础数据。

4. 环境影响和可持续性的评估

对扩初设计进行环境影响评估，以确保设计的环境友好性和可持续性。着重考虑节能减排、生态保护、资源循环利用等措施。

四、施工图设计及绘制

1. 施工图设计内容

施工图设计是在设计方案确定后，针对如何将设计想法合理转化为图纸语言以指导施工的重要设计环节。施工图纸的编排、分布和绘制要求解读性高、图示语言准确精练，图纸类别、表格以及各项文字文本需根据实际项目情况而定。一般设计所涵盖内容和步骤包括以下内容。

（1）制作施工图

设计师需要将设计方案转化为具体的施工图，包括平面图、立面图、剖面图等。这些图纸需要包含所有必要的尺寸、材料和工艺要求，以便于施工团队理解并执行。

（2）详细标注

在施工图上，设计师需要对每个部分进行详细地标注，包括尺寸、材料、颜色、工艺等。这些标注需要清晰、准确，不能有任何模糊或错误。

（3）审核和修改

完成施工图绘制后，需要进行仔细的专人审图环节，确保所有信息都准确无误。如果发现问题，应及时修改。

完成以上施工图绘制内容和步骤后，设计团队应将施工图文件交予甲方、施工方、监理方以及与工程有关的定制方，并按进度做好施工前技术交底的准备工作。在这个阶段，设计师需要具备良好的绘图技巧和专业知识，同时也需要具备良好的沟通和协调能力，以确保施工图的准确性和可行性。

2. 施工图绘制的主要图纸或文件

乡村环境设计中，若按照建筑与景观两个大的设计方向分类，图纸内容也大致为这两类。建筑类与景观类虽为不同方向，但它们在施工图绘制阶段有许多相似的类别。

建筑类包括平面图、立面图、剖面图、节点图、结构图、机电图和材料表、图纸说明等；景观类包括总平面图、分区图、竖向图、植物配置图、硬质景观图、节点图及灌溉排水图等。无论是建筑还是景观施工图，都需要确保图纸的准确性、完整性和可读性，以便于施工团队准确地执行设计意图。

第三节 施工落地

一、设计交底

开工前的设计交底是不可缺少的关键步骤，它确保了设计师的意图和要求被施工团队正确理解并执行。设计交底通常在施工图纸完成并得到批准后进行，涉及设计师、施工团队、监理团队、项目经理以及其他项目决策者和相关者。具体交底工作一般涵盖以下方面。

1. 准备交底资料

收集并准备所有相关的设计文件，包括施工图纸、设计说明书、材料规格表等。需确保所有文件都是最新的版本，并且包含了所有必要的细节和修改。

2. 安排交底会议

确定参会人员，包括设计师、施工经理、工程师、质量检查员、供应商等。安排合适的时间和地点，确保所有关键人员都能参加。

3. 交底会议的进行

设计师向施工团队详细介绍设计意图、功能要求、空间布局、材料使用、植物配置等。共同讨论设计方案中的关键节点和特殊工艺，以确保施工团队理解如何实施。解答施工团队的疑问，确保他们对设计没有误解。

4. 现场勘察

组织现场勘察，让施工团队在现场直观地了解地形、地貌和现有条件。现场讨论可能影响施工的具体问题，如入口位置、交通路线、邻近建筑物等。

5. 安全和质量控制要求

强调安全规范和措施，确保施工过程中的安全。说明质量控制的标准和程序，确保工程质量符合设计要求。

6. 工程量和材料确认

确认工程量清单和材料规格，确保施工团队准备的材料符合设计规定。讨论材料的采购、运输和储存问题，确保材料供应不会影响施工进度。

7. 时间表和进度计划

讨论项目的时间表和进度计划，确保施工团队明白各个阶段的时间节点。确定关键的里程碑日期，如土地准备完成日期、主要结构施工完成日期、植被种植完成日期等。

8. 记录和后续跟进

记录交底会议的要点和决策，形成书面文件，供所有参与者参考。安排后续跟进会议或定期检查，以确保施工过程中持续的沟通和问题的解决。

设计交底是确保乡村环境设计项目顺利实施的重要环节。通过有效的交底，可以减少施工人员对图纸和项目的误解和错解，提高工程效率，确保最终成果符合设计师的预期和委托方的要求。

二、施工配合

根据合同内容，为确保设计项目有效落地，设计工作并非随着图纸绘制完成而终结。在设计施工过程中，设计师与甲方（客户或项目发起方）、施工方（承包商或施工团队）以及监理方（负责监督施工质量和进度的第三方机构）等各方的有效配合是确保项目顺利进行和成功完成的关键，这些工作一般贯穿项目建设始终。除向甲方、施工方交付设计图纸，强调施工关键问题及注意事项等，还需根据现场实地情况进行设计变更修改与补图等工作，在施工过程中配合甲方选材，提供各种设计技术咨询解答。具体的配合内容有如下方面。

1. 与甲方的配合

（1）沟通更新

定期向甲方报告项目进度，包括已完成的工作和即将进行的工作。

（2）变更管理

如果甲方提出设计变更请求，应评估变更的影响，并及时调整设计图纸和施工计划。

（3）决策参与

在关键决策点上，如材料选择、植物配置等，与甲方协商一致。

（4）预算控制

与甲方共同管理项目预算，确保成本控制在预期范围内。

2. 与施工方的配合

（1）技术交底

除开工前交底，与施工方针对于设计的理解和沟通交流会有很多次，需确保施工方充分理解设计意图和施工要求，并提供必要的技术支持。

（2）现场协调

解决现场施工中出现的问题，从设计的角度协调不同工种之间的工作完成进度。

（3）设计质量控制

与施工方合作，确保施工质量符合设计标准和建筑规范。

3. 与监理方的配合

（1）设计质量监督

与监理方合作主要是明确设计要求，确保施工质量达到设计和规范要求。

（2）进度报告

从设计的角度提供准确的施工进度信息，跟进了解施工是否依据设计图纸进行，以便监理方进行监督和记录。

（3）合规性检查

配合监理方进行合规性检查，确保所有设计内容符合相关法律法规和设计规范。

（4）问题解决

在监理方指出的问题上，及时响应并采取纠正措施。

4. 跨部门配合

（1）信息共享

建立有效的信息共享机制，确保所有相关方都能获取最新的项目信息。

（2）会议和协调

定期召开协调会议，讨论项目进展、解决问题和规划后续工作。

（3）风险管理

与各方共同识别和管理项目中的风险，制定应对策略。

通过以上各方面的配合，可以确保乡村环境设计施工过程中的沟通顺畅，问题能够及时得到解决、质量得到保证，从而顺利完成项目并满足委托方的期望。

三、设计验收

乡村环境设计项目的成功不仅取决于设计的创新和实用性，还依赖于整个项目周期内各个阶段的质量控制和最终的档案整理。乡村环境设计方应参与各阶段设计验收并在完工后做好设计档案。

1. 施工过程中的设计验收

（1）定期检查施工现场，确保施工符合设计要求。

（2）参与重要节点的验收，如基础工程、设计结构安装、植被种植等。

（3）及时处理施工中的变更和调整，确保设计的完整性。

2. 完工设计验收

（1）组织完工设计验收会议，邀请委托方、施工方、监理方和其他相关方参加。

（2）检查景观、建筑等元素的质量、位置和功能是否符合设计和规范。

（3）确认所有工程都已按照批准的设计文件完成。

3. 完工后设计档案的整理

（1）收集资料

收集所有相关的设计文件，包括概念设计、方案设计、施工图纸、变更记录等。确保所有文件的版本都是最新的，并且包含了所有的修改和调整。

（2）编制档案

将设计文件整理成册，包括封面、目录、设计说明、图纸、附录等。制作电子版档案，便于存储和检索。

（3）归档保存

将纸质版和电子版档案存档于公司内部或指定的位置。确保档案的安全和保密，同时便于未来查阅和使用。

（4）总结报告

编写项目总结报告，回顾设计过程、总结施工经验和教训，报告包括项目的成功点、面临的挑战、解决方案和改进建议。

（5）后续服务

提供必要的后续服务，如维护指导、额外工作或保修期内的支持。保持与甲方的联系，为未来的项目合作打下良好基础。

通过参与各阶段的设计验收和做好完工后的设计档案，设计师不仅能够确保项目的高质量完成，还能够为未来的项目提供宝贵的经验和资料。

复习与思考

1. 乡村环境设计前期调研的步骤与工作内容是什么？

2. 如何理解设计与施工之间的关系？

课堂实训

自行查找资料，分别选取一个乡村景观设计案例、一个乡村建筑设计案例，进行汇报分享。

第五章

乡村规划

本章概述

本章节主要学习乡村规划的基本理论和相关知识，了解乡村规划的基本原则、规范范围、规划内容，了解村域规划、村庄居民点规划的内容，并对规划方案有一定的判断和理解。

学习要点及目标

1. 建立乡村规划的基本理论和相关知识的认知概念。

2. 了解乡村产业发展要求与村域的主要控制性要求。

3. 结合实际乡村，具备对规划方案进行解读的能力。

核心概念

村庄规划、土地利用规划、历史保护、国土空间规划、宅基地

课程思政内容及融入点

通过了解乡村规划的要求，落实对乡村用地的合理集约利用，传承乡村历史文化，保护乡村生态环境，落实"两山"理念，培养学生正确的价值观。

《中华人民共和国城乡规划法》第二条指出，"本法所称城乡规划，包括城镇体系规划、城市规划、镇规划、乡规划和村庄规划"，可见乡村规划为法定性规划。第二十二条进一步明确"乡、镇人民政府组织编制乡规划、村庄规划，报上一级人民政府审批"，明确了编制主体为乡、镇人民政府。一般而言，乡村规划包括乡规划与村庄规划。为了便于理解，本书所涉及的"乡村规划"，在没有特别说明的情况下，均为法定体系中的村庄规划。

为全面实施乡村振兴战略，有序推进村庄规划编制，各省颁布了相应的编制导则来指导乡村规划编制，如浙江省自然资源厅分别于 2015 年和 2021 年颁布《浙江省村庄规划编制导则》和《浙江省村庄规划编制技术要点（试行）》，指导乡村规划成为村庄发展与建设的法律依据。但是各地的标准也不尽相同，浙江省的乡村规划工作走在全国前列，因此本书所涉及的规划标准以浙江省的村庄编制要求为依据。

第一节　乡村规划概述

乡村规划应在上位规划指导下，以满足村民的生产、生活需求为依据和目标，以适应本地区村庄的建设方式，提升村庄人居环境品质，促进村庄经济社会发展。重点协调好村庄产业发展与自然、历史文化资源保护与利用的关系，村庄建设与农业生产之间的关系，村庄建设与经济发展水平的关系，旧村更新与新村建设的关系，村庄现代化与乡土性之间的关系[①]。

一、指导思想

1. 坚持村庄综合发展

早期的乡村规划重点关注物质空间布局，特别是宅基地规划。乡村规划不仅是物质建设范畴，还应包括乡村经济的统筹发展、经济与文化的相互促进和相互协调、农村生活水平的提高等内容。不仅要注重规划科学布局美和村容整洁环境美，更应注重创业增收生活美和乡风文明身心美，促进乡村经济、社会、文化的融合发展。

2. 尊重村民意愿，提倡村民参与

现有的规划理论、范式、指标、经验等大多源于对城市的规划总结。然而，村庄与城市不同的生产方式和生活方式，这使乡村形成了与城市完全不同的精神内核与物质表象。若全面地将城市规划方法应用到村庄之中，必然会使乡村文脉断裂，

---

① 张泉，王晖，赵庆红，等.村庄规划 [M]. 北京：中国建筑工业出版社，2011.

乡土景观遭到破坏。

规划师作为非村民的外部角色，对村庄发展的认识存在局限，容易将其自身的审美情趣及价值观强加给村民。对于深受乡村文化熏陶下的村民而言，他们并不一定喜欢和愿意接受。只有拥有乡土知识的村民才清楚最需要发展什么。因此，村民参与是村庄规划中至关重要的环节。在村庄规划中，需有村民真正地参与及合作，甚至由村民控制整个过程。换言之，要求村民不应只是参与规划，而是主导规划过程，决定重大问题的解决方式及村庄发展方向。规划师作为专业人员，应当提供不同路径下村庄发展的可能图景，供村民决策，并将村民对村庄发展的设想落实在用地布局和设施安排上，在技术上为村民提供服务和帮助。

3. 确保村庄建设与发展的渐进性与可持续性

区别于城市，各个村庄都是相对完整的、相对独立的自循环系统（张建，2010）。村庄作为独立的系统，其形态嬗变的力量来自于内部，长期处于渐变的演化状态，自组织性是村庄发展的本质规律。规划过度介入村庄发展，会导致村庄由渐变状态进入突变状态，村民将失去对自己居住形态的控制，结果可能是外部强干预手段造成乡村系统内部的紊乱。因此，规划作为一种强干预力量，应有选择性地适度引入村庄系统。对于村庄布局而言，应重点关注村庄发展的重大问题和强制性因素的控制等方面，以保证村庄发展的延续性。

4. 注重乡土文化的传承

乡土文化是源远流长的中国传统文化不可或缺的组成部分，我国广大乡村地区正是产生和培育乡土文化的根基和源泉。当前，我国乡土文化的发展和延续面临着前所未有的挑战，乡村固有的农田风光遭到破坏，传统的民居被拆除，乡村道路被拓宽，传统聚落景观特色消失，取而代之的是具有现代城市居住区景观特色的乡村环境。同时，伴随着这些物质载体的消失，非物质文化也逐渐消亡。因此，村庄规划应注重乡土文化的传承，并注重村庄特色研究，保护和妥善利用文化遗产，为村庄赋予更持久的发展动力。

二、规划原则

1. 规划先行，注重实施

突出规划的引领作用，以目标为导向制定切实可行的行动计划，建立建设项目库，按照先规划后建设、不规划不实施的工作模式，提高规划的科学性和可操作性，强化村庄规划的法定地位。

2. 因地制宜，彰显特色

充分考虑村庄生态环境、资源条件、建设基础、社会经济发展水平等各项因素，编制因地制宜、切合实际的村庄规划。尊重地方民俗风情和村民生活习惯，强化乡村特色资源的保护、传承和活化利用，彰显地域文化特色。

3. 尊重民意，多方协作

充分尊重村民意愿，激发村民参与村庄规划编制和实施的积极性及主观能动性，建立村民、政府、企业、规划师多方协作联动的工作机制，打造共建共享共治的村庄治理模式。

4. 多规融合，生态宜居

做好规划衔接、促进"多规合一"，保障生产空间集约高效、生活空间宜居适度、生态空间山清水秀。以建设生态宜居美丽乡村为导向，加强生态治理和保护，优化提升乡村建设质量，培育发展绿色生态新产业、新业态。

三、规划范围

在开展规划前，应先确定村庄规划的范围面积。通常，村庄规划范围为本村行政区域，自然村编制村庄规划可根据实际需要划定规划范围。

四、现状调研

现状调研是乡村规划编制工作开展前非常重要的环节。通过走访座谈、现场踏勘、问卷调查和驻村体验等方式开展实地调研，全面了解村庄基本情况、现状特征、主要问题、发展诉求等，明确规划目标和规划重点，建立村庄建设需求台账。

现状调研应重点从以下几方面展开。

1. 社会经济情况

包括户数、户籍人口、人口迁入迁出、人均纯收入、集体收入、主导产业、社会治理状况等，发展旅游的村庄应增加旅游人次、周期、收入等有关调查内容。

2. 自然环境情况

包括地形地貌、工程地质、水文、气象、自然资源（土地、水、矿产、生物）、生态环境（基本农田保护区、山地、水体、园林）等。

3.历史文化情况

包括历史文化名村、传统村落、文物保护单位等历史建筑或传统风貌建筑，风水塘、牌坊、古井、古树名木等历史环境要素，古驿道、古驿站等历史遗存，口头传统、宗祠祭祀、民俗活动、礼仪节庆、传统表演艺术和手工技艺等非物质文化要素。

4.土地利用情况

包括土地利用功能、用地权属、农房建设及权属、交通水利、公共服务设施、公用工程设施、环境绿化美化建设等。

5.规划政策情况

包括国民经济和社会发展规划、各类城乡规划、土地利用总体规划等上位规划及相关规划，镇（乡）、村庄发展的相关政策和管理制度，以及规划所需工作底图（比例尺不低于1∶2000的地形图或高分航摄正射影像图）。

6.村庄建设需求

根据村庄现状摸查和村民发展诉求分析，结合县（市）域乡村建设规划的相关要求，确定村庄建设需求和规划重点，建立村庄建设需求台账（图5-1）。

第二节　村域规划

村域规划的内容主要涉及村域产业发展规划、村域基础设施和公共服务设施规划。其中村域产业发展规划是村域规划的重点内容，村域基础设施和公共服务设施规划是村域产业发展规划的支撑。

一、村域产业发展规划

生产力发展是农村建设的根本要求，离不开合理的规划和引导。农村由于具有不同于城市的特殊性质，决定了其产业具有布局分散、管理粗放、效率低下等特点。村域产业发展规划是村庄规划的重要内容，主要是对村庄的产业发展在分布和发展方向上进行规划，直接影响到今后村庄的发展。因此，做好村庄产业发展规划，对发展农村经济、改变城乡二元结构、推进国家城市化都有重要的意义。近几年来的发展表明，农村产业发展呈现出多元化的趋势，具体表现在由传统的第一产业向都市农业、生态农业发展；第二产业开始承接大中城市产业转移、地方农产品加工等；第三产业主要体现在农民生活服务业、民俗旅游业快速发展等方面。然而农村在产

序号	类型	设施名称	数量	是否独立用地	用地面积（m²）	建筑面积（m²）	所在位置	服务对象	覆盖程度（户）	备注
1	基础设施配套	道路交通		①是； ②否；				服务本村		
2		供水设施								
3		供电设施								
…		燃气设施								
		路灯设施								
		村道硬化		长度：_____m						
		防震减灾场所								
		……								
	环境卫生	垃圾收集点								
		污水处理设施								
		……								
	公共服务设施	公共服务中心								
		网络工程								
		通信工程								
		卫生站								
		教育设施								
		文体设施								
		养老设施								
		……								
	村庄建设管理	农房建设								
		……								
	历史文化保护	传统村落								
		南粤古驿道								
		……								
	绿化风貌	村庄绿化								
		村道绿化								
		乡村公园								
		……								
	产业发展	××产业设施								
		……								

注：表内"设施名称"可根据调研实际情况增加。

图 5-1 村庄建设需求台账范例

[图片来源：广东省村庄规划编制指引（试行）]

业加速发展的同时，仍然面临着诸多问题。这些问题影响着农村产业的可持续发展，如产业内部结构不合理、技术含量低、效益低下等问题[①]。解决这些问题，有利于促进农村产业发展，因此村庄规划上必须予以重视。

根据村庄的资源禀赋和基础条件，以及村庄在乡镇的发展定位，规划需明确村庄未来产业发展重点，以科学发展观引导村庄经济的可持续发展。结合村民生产需求，合理安排村域产业用地。

1. 村域产业发展规划原则

（1）合理布局村域耕地、牧地、林地以及渔业设施用地等，确定用地范围，形成农、林、牧、副、渔等产业的特色经营。

（2）集中布置村庄畜禽养殖业，便于污水统一处理。

（3）乡村工业发展以保护生态环境为前提，宜集中布局，避免对村庄和村民生活的干扰以及环境污染。

（4）鼓励一产、二产、三产联动发展，着重发展特色农产品加工业，增加农产品的附加值。

（5）保护水资源，避免产业发展给水体资源带来的污染。

（6）结合村庄自然景观、历史人文，发展村落休闲产业，促进村庄第三产业发展。

（7）对村域进行村庄聚落区、产业区、旅游区等不同区域划分，确定发展方向、各个地块的发展重点及空间布局。

（8）村域产业发展规划要坚持以市场为导向。根据市场需求安排产业布局，客观分析市场需求与产品竞争力，正确选择产业明确产品市场定位。坚持以市场为导向，唤醒农村的市场意识，引进先进的生产技术及管理方式，大力开拓市场。

2. 村域产业发展规划内容

村域产业规划内容与我国所处的经济发展阶段、经济发展水平以及面临的发展问题等有密切的关系。村域产业发展规划一般包括以下内容：产业发展现状和特征的分析、产业发展目标和发展定位、产业发展重点方向、产业空间引导等。[②]

（1）村域产业发展现状和特征

一个国家或地区的产业发展可分为不同的阶段，在各个阶段所面临的问题、发展的驱动因素、产业政策、空间布局特征及其区域经济影响作用明显不同。因此，村域产业发展规划也要立足不同行业的总体发展态势，从更广阔的区域背景条件出发，明晰产业发展现状、问题和特征。

① 张建，赵芝枫，郭玉梅，等.新农村建设村庄规划设计 [M].北京：中国建筑工业出版社，2010.
② 陈修颖，周亮亮.乡村区域发展规划：理论与浙江实践 [M].上海：上海交通大学出版社，2019.

①村域产业发展水平的判断

目前，村域产业发展水平需要从行业和区域两个视角进行分析和判断。首先要从不同行业的国际和国内发展趋势和特征出发，分析该行业在国际或国内同行业中的发展地位和优势，判断和分析该行业的总体发展水平。其次，要在新农村内部和新农村之间分析各行业的比较优势和发展水平。有时从行业角度来看，某行业并不代表本行业发展趋势和最高水平，但从整个农村来看，却具有明显的比较优势；相反，有些行业在农村发展中地位不一定突出，但它也许代表着行业的发展趋势。因此，对产业发展水平的判断，应该从行业自身和区域视角两个方面加以分析和判断。

②村域产业发展存在的问题分析

准确分析和把握村域产业在发展中存在的各种问题，是制定村域产业发展和规划的基础。村域产业发展存在的问题需要分析产业整体、不同产业之间、产业内部等在发展水平、产业关联、资源利用、区域优势发挥、生态和环境保护、产业用地等方面存在的问题或不足。

③村域产业发展和空间布局的基本格局及其特点

从不同产业层次和空间视角，分析农村各产业在量和质上的特征比例关系、特色和优势产业发展状况、中小企业集群和产业链发展状况，研究产业在空间上集疏规律和趋势，以及产业园区、产业基地和产业集聚带等的分布特征。

④村域产业发展和布局变化趋势的预测

随着我国对外开放程度的深化，经济全球化和区域化对产业发展的影响显著增强，村域产业成为国民经济的一部分，产业间的竞争层次和深度也发生了变化。因此，科学预测产业发展趋势和空间变化态势对产业发展和规划具有重要的意义。村域产业发展和空间变化预测包括产业规模和结构的变化趋势、产业关联的变化趋势、产业空间集疏的变化、产业发展重点空间的判断等。

（2）村域产业发展定位和目标

村域产业发展定位和目标是产业规划的核心，产业发展方向、重点和空间引导等围绕产业定位和目标展开。

①村域产业发展定位

产业定位是确定各产业在地区中所占据的地位、发挥的作用、承担的功能等。产业发展定位要立足长远，从不同空间尺度科学分析各产业在不同空间尺度所处的地位和发挥的作用。产业定位要体现以下几个方面：一是要有层次性，由大而小层层定位；二是要以市场为导向，不拘泥于行业和区域自身的发展现状，从市场的需求来审视本村产业发展潜力和对周边区域发展可能带来的机遇进行定位；三是要体现未来性，着眼于未来，从长远的发展前景和趋势看各个产业可能发挥或承担的作用和功能。

②村域产业发展目标

村域产业发展目标是从宏观发展背景、农村内部优势和劣势等条件出发，分析、判断和预测未来产业总体和各产业发展的前景。产业发展目标分为定性表述和量化目标的预测。提出产业增长目标、产业结构目标、产业空间调整目标等。

（3）村域产业发展方向和发展重点规划

在产业发展和规划之中，要确定产业发展方向，明确产业发展的重点。对于村域产业规划来说，要根据村域的产业特征、优势、市场需求等因素，确立其未来发展的重点产业，并设计相应发展和规划的方向和内容。

（4）村域产业空间规划

村域产业空间规划是产业发展在村域空间上的具体落实。产业空间规划要根据村域产业布局现状，结合产业发展和布局理论，发挥各产业的特点和优势，按照市场经济规律与政府宏观调控相结合的方式，以最大限度地利用空间资源、促进各产业的协调和持续发展为目标，在空间上合理配置和引导产业发展。

①村域产业发展的空间引导

村域产业的位置选择同样要依靠市场来调节，既能够最大限度地利用各种资源和生产要素，又可以获得最大利益的空间是产业最佳的投资空间。村域产业规划要引导产业在获得最大利益的基础上，尽量避免产业发展和布局造成土地、水、矿产等资源的浪费，减少产业发展对生态和环境的压力，形成产业空间配置相对平衡，促进地区经济发展和增加就业水平的良好发展态势（图 5-2）。

村域产业规划通过建立行业准入机制，引导不同类型的产业在相应的区域发展和布局。比如，要发挥生态服务功能，其产业引导方向就要限制污染类和对资源消耗大的重化工产业的发展，重点鼓励发展一些生态和环境友好的产业，如旅游业等（图 5-3）。

②村域产业发展点的规划

村域产业在空间上的发展不会均衡展开，在一些区位条件优越的地点、交通干线两侧等会形成不同规模、等级的产业集聚点。按照市场经济规律，最大限度利用不同层次区域的资源优势，促进不同类型、规模的产业集聚点的形成和发展是产业空间规划的重点研究内容。

③村域产业空间的管治

村域产业在空间上的发展要充分考虑到生态环境的约束和人居环境发展的要求。针对村庄聚落、重要的生态环境保护区、文物保护区、风景名胜区等区域应制定严格的产业发展和布局的限制政策，形成不同层次的产业管制区。根据产业管制区类型特征，按照强制性、指导性、引导性等政策手段进行分类指导，目标是促进产业发展与生态环境保护相协调。

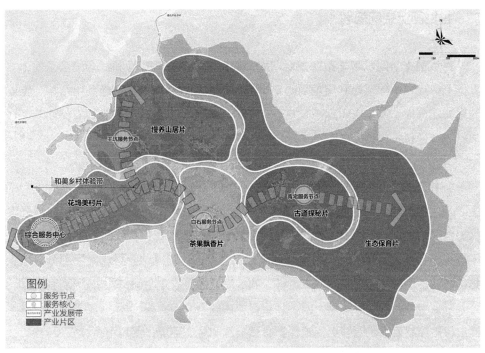

图 5-2 浙江省绍兴市新昌县鳌峰村产业布局规划示意

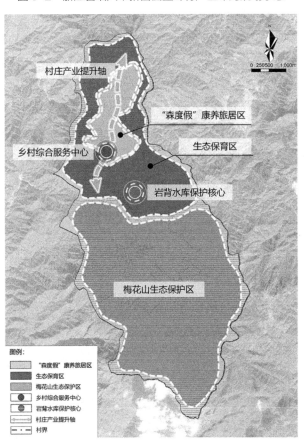

图 5-3 福建省龙岩市连城县岩背村村域产业发展规划示意

二、村域国土空间规划

村域国土空间规划是指在规划期内，根据规划区自然条件和社会经济条件，并根据上位规划中的土地利用规划确定本村居民点位置和面积、土地利用结构、土地利用功能分区、基本农田保护及耕地保护分区等，其最终目的是改善农村面貌，增加农业产量和提高农民收入。

1. 村域国土空间管控

划定村域规划控制线是村庄规划中非常重要的内容，其目的在于明确村域开发保护格局，落实上位规划确定生态保护红线、永久基本农田保护红线、村庄建设边界，不得突破上位规划设定的约束性指标及强制性要求。通过结合村庄实际划分村域森林、河湖、草原等生态空间，农、林、牧、副、渔等农业空间，住房、经营性建设、公共服务与基础设施等建设空间，划定村域内的重要控制线，标注各类控制线坐标，提出保护控制要求，能够更好地保护自然资源和生态环境，实现可持续发展。同时，通过控制线的划定，可以规范和引导村庄开发建设行为，促进村庄规划的落地实施，推动乡村振兴和农村经济发展。

村域规划控制线包括生态保护红线、永久基本农田保护红线、城镇开发边界和村庄建设边界（图5-4）。

生态保护红线是指在生态空间范围内具有特殊重要生态功能、必须强制性严格保护的区域，是保障和维护生态安全的底线和生命线。

永久基本农田保护红线是指按照一定时期人口和社会经济发展对农产品的需求，依据土地利用总体规划确定的不得占用的耕地红线。

城镇开发边界是指在一定时期内，可以进行城镇开发建设及需要重点管控的国土空间范围。

村庄建设边界是指在一定时期内，可以进行村庄开发建设及需要重点管控的国土空间范围，是规划相对集中的农村居民点建设用地以及因村庄建设和发展需要必须实行规划控制的区域（图5-5）。

简而言之，村庄内的任何建设活动，应在村庄建设边界内开展，不得在生态保护红线、永久基本农田保护红线内进行。

2. 村域用地规划

村域用地规划需充分考虑上位规划的要求，与土地利用总体规划相协调，落实村庄居民点、产业发展用地布局、区域基础设施、公共服务设施、生态资源保护等内容。

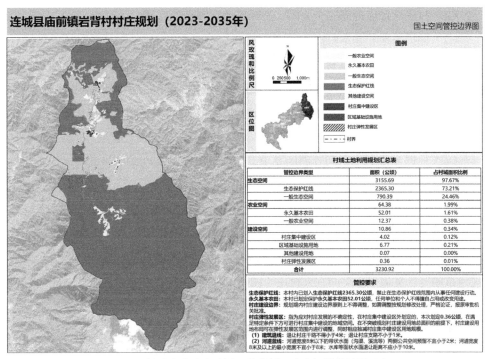

图 5-4 福建省龙岩市连城县岩背村国土空间管控边界示意

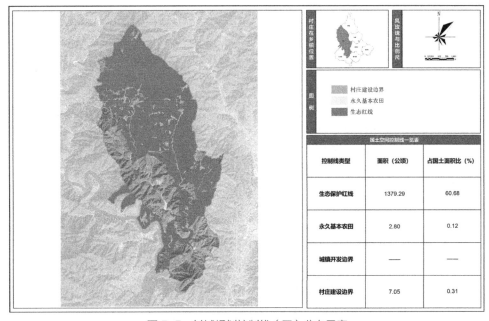

图 5-5 村域规划控制线（区）分布示意

（1）村庄选址应遵循安全原则，避开各类灾害易发区域。

（2）保护耕地和基本农田。

（3）因地制宜，尊重村庄自然地形地貌、山体水系等自然格局，为村庄提供良好的生态和景观；同时，利用丘陵、缓坡和其他非耕地，妥善、充分利用土地资源，节约土地进行建设。结合村域地形地貌特点、经济发展水平和产业特征等，优化村庄布局。

（4）根据乡规划中空间管制的要求，落实各类用地空间的开发利用、设施建设和生态保育措施。

（5）充分利用结合村庄人口规模、当地产业特点和村民生产生活需求，合理确定村域范围内建设用地范围和规模。

（6）保护村域自然生态环境和人文环境，将自然环境与历史文化相融合，营造规划布局美、文化生活美的宜人村庄（图5-6）。

3. 村域基础设施和公共服务设施布局

村域基础设施（类型、内容）和公共服务设施的安排，应落实上位规划的各项设施要求，并结合村庄的产业发展、生活要求和村庄规模等实际需求，合理布局各项内容。基础设施和公共服务设施的布局应遵循节约适度原则和生态优先原则，注重清洁能源的利用和废弃物再循环利用。详见第三节的基础设施规划内容。

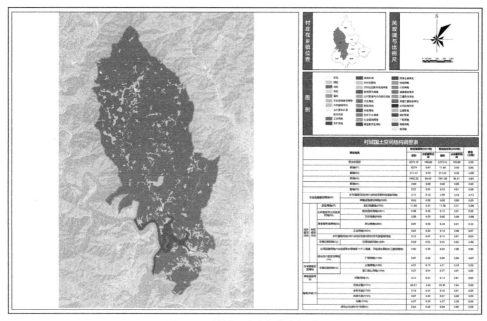

图 5-6　村域国土空间规划示意

第三节　居民点规划

居民点规划包括建设用地布局、宅基地规划、设施规划、道路交通规划、历史保护规划、村庄绿地规划、安全与防灾减灾规划等内容（图 5-7）。

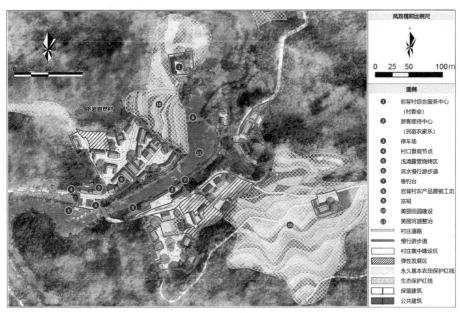

图 5-7　居民点布置平面示意

一、村庄建设用地布局

村庄建设用地共分为村民住宅用地、村庄公共服务用地、村庄产业用地、村庄基础设施用地、村庄其他建设用地，详见图 5-8、表 5-1。

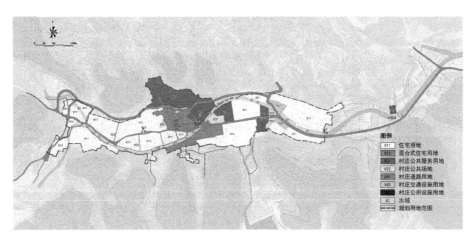

图 5-8　村庄建设用地规划示意

村庄建设用地分类和代号　　　　　　　　　　　表 5-1

类别代码			类别名称	内容
大类	中类	小类		
V			村庄建设用地	村庄各类集体建设用地，包括村民住宅用地、村庄公共服务用地、村庄产业用地、村庄基础设施用地及村庄其他建设用地等
	V1		村民住宅用地	村民住宅及其附属用地
		V11	住宅用地	只用于居住的村民住宅用地
		V12	混合式住宅用地	兼具小卖部、小超市、农家乐等功能的村民住宅用地
	V2		村庄公共服务用地	用于提供基本公共服务的各类集体建设用地，包括公共服务设施用地、公共场地
		V21	村庄公共服务设施用地	包括公共管理、文体、教育、医疗卫生、社会福利、宗教、文物古迹等设施用地以及兽医站、农机站等农业生产服务设施用地
		V22	村庄公共场地	用于村民活动的公共开放空间用地，包括小广场、小绿地等
	V3		村庄产业用地	用于生产经营的各类集体建设用地，包括村庄商业服务业设施用地、村庄生产仓储用地
		V31	村庄商业服务业设施用地	包括小超市、小卖部、小饭馆等配套商业、集贸市场以及村集体用于旅游接待的设施用地等
		V32	村庄生产仓储用地	用于工业生产、物资中转、专业收购和存储的各类集体建设用地，包括手工业、食品加工、仓库、堆场等地
	V4		村庄基础设施用地	村庄道路、交通和公用设施等用地
		V41	村庄道路用地	村庄内的各类道路用地
		V42	村庄交通设施用地	包括村庄停车场、公交站点等交通设施用地
		V43	村庄公用设施用地	包括村庄给排水、供电、供气、供热、殡葬和能源等工程设施用地；公厕、垃圾站、粪便和垃圾处理设施等用地；消防、防洪等防灾设施用地
	V9		村庄其他建设用地	未利用及其他需进一步研究的村庄集体建设用地
N			对外交通与其他国有建设用地	除村庄集体用地之外的建设用地
	N1		对外交通设施用地	包括村庄对外联系道路、过境公路和铁路等交通设施用地
	N2		其他国有建设用地	包括公用设施用地、特殊用地、采矿用地以及边境口岸、风景名胜区和森林公园的管理和服务设施用地等，不包括对外交通设施用地

续表

类别代码			类别名称	内容
大类	中类	小类		
E			非建设用地	村集体所有的水域、农林用地及其他非建设用地等
	E1		水域	河流、湖泊、水库、坑塘、沟渠、滩涂、冰川及永久积雪
		E11	自然水域	河流、湖泊、滩涂、冰川及永久积雪
		E12	水库	人工拦截汇集而成具有水利调蓄功能的水库正常蓄水位岸线所围成的水面
		E13	坑塘沟渠	人工开挖或天然形成的坑塘水面以及人工修建用于引、排、灌的渠道
	E2		农林用地	耕地、园地、林地、牧草地、设施农用地、田坎、农用道路等用地
		E21	设施农用地	直接用于经营性养殖的畜禽舍、工厂化作物栽培或水产养殖的生产设施用地及其相应附属设施用地，农村宅基地以外的晾晒场等农业设施用地
		E22	农用道路	田间道路（含机耕道）、林道等
		E23	其他农林用地	耕地、园地、林地、牧草地、田坎等土地
	E9		其他非建设用地	空闲地、盐碱地、沼泽地、沙地、裸地、不用于畜牧业的草地等用地

二、村庄宅基地规划

村庄宅基地是指村集体经济内部符合规定的成员，按照法律法规规定的标准享受用于建造自己居住房屋的农村土地。村庄宅基地规划主要是针对村庄居住用地的位置、规模以及今后发展方向进行规划，并对住宅形式进行意向性设计。

1. 宅基地规划前期调研内容

（1）常住人口和宅基地规模

目前，农村富余劳动力向城镇转移现象普遍存在，甚至在未来会呈现加速的趋势。这些外出务工人口往往是逢年过节回村短期居住，其所拥有的宅基地对村庄规模和形态会有一定的影响，在规划时应考虑这部分人口和宅基地的影响，控制村庄规模，特别是空置率较高的宅基地可能会造成村庄的隐性"空心化"。

（2）对现状的认定

规划前需要对现状宅基地进行认定，除了明确其用地边界、空间分布和用地规模，还应对住宅的使用情况、空间肌理进行深入调查，并进一步了解村民的意愿，为后续的规划措施提供依据。

（3）研究地方特色

研究当地的风俗习惯，通过访谈和文献阅读，对民俗中村庄的布局和建房的适宜和禁忌方面都应有深入了解。规划时应尊重这些习俗，避免出现村民无法接受规划方案的情况。例如浙江省台州市温岭市坑潘村对屋脊的方向特别讲究，村民不允许他人住宅的屋脊垂直对着自己家。此外，乡村文化和特色风貌相当一部分是通过住宅这一载体来体现的，因此需研究当地建筑风格、空间形态，并对有历史价值的古宅提出相应的措施，规划出具有当地特色的方案。

2. 宅基地规划时的原则

（1）尊重原有村落空间结构和空间肌理，遵循街巷格局和自然山体、河流走向，避免因新建房屋而破坏村落格局。

（2）用地宜集中布置，并考虑与道路及其他性质地块的联系，特别是居住用地与生产劳动地点要便于联系，且不互相干扰。

（3）节约用地，避免新增大量的居住用地，新建住房应以旧村整治更新为主。

（4）对现状居住用地进行改造时，应充分考虑与周边建筑的间距，满足卫生、采光、通风和防灾要求。同时新建建筑高度、风格与周边建筑相协调，不影响地块的整体风貌。

（5）建筑风貌、朝向、群体组合应根据地方风俗习惯和当地气候、地形地貌因素进行因地制宜的设计，避免千篇一律套用既定户型。

（6）在村民宅基地面积在符合国家和所在省、自治区、直辖市人民政府的法律法规和相关规定的前提下，新建居住建筑单体平面形态和群体组合上应当进行推敲，应尊重村民生产需求和生活习惯、遵循村落传统空间的布局形式。

案例1：浙江省温州市文成县武阳村的村庄宅基地规划尊重村庄现状，保持了村庄原有布局。村民自古流传一句古话："七星落垟墩，左弓右剑山，金龟把水口，人居佳境处。"这句话也直接体现了该村的村庄布局形态。整个村落呈风水格局，宅基地"四灵具全"，北水归堂，是一处山环水抱、深藏不露的佳居。住宅背倚"阵山"为"少祖"；基枕高不足10丈的底丘为"玄武"；左右是起伏17丈的丘岗为"龙虎"；前有约高宅基2丈的岗地为"朱雀"（案山）。住宅前的鱼池为"小明堂"，房屋外面的一片稻田为"大明堂"；堂内有七个像北斗星排列的小山包，名曰"七星落垟"。特别是"七星落垟"，意喻该地必出名人。事实上该村是刘伯温的出生地，这恰恰验证了这种传说。无论是否真实，传说和风水格局已是该村文化的一部分。在村庄规划中进行宅基地规划时，应充分保护这样的村庄格局，因此将主要的住宅按原格局沿北侧山体顺着等高线呈带状分布，严格保护"七星落垟"所在的农田不被侵占，同时也保留了中轴线上"小明堂"的鱼池和"大明堂"的稻田，使风水格局得以延续（图5-9、图5-10）。

案例2：浙江省绍兴市嵊州市晋溪村进行村庄宅基地规划时，为保护原村庄中的古建筑和村庄格局不受破坏，也为了避免对村民因规划造成的生活影响，考虑在村庄东南侧规划新的住宅用地，缓解村庄中的人口压力。同时对老村中的住宅进行整治，腾出来的土地用于布置公共服务设施，提升老村中村民的生活质量（图5-11）。

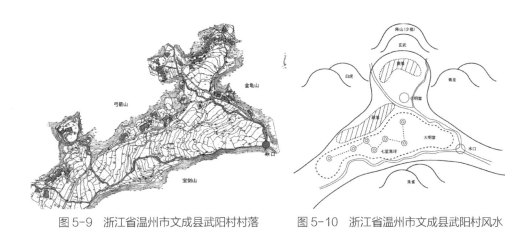

图5-9　浙江省温州市文成县武阳村村落　　　图5-10　浙江省温州市文成县武阳村风水
　　　　空间肌理　　　　　　　　　　　　　　　　　　 格局解析

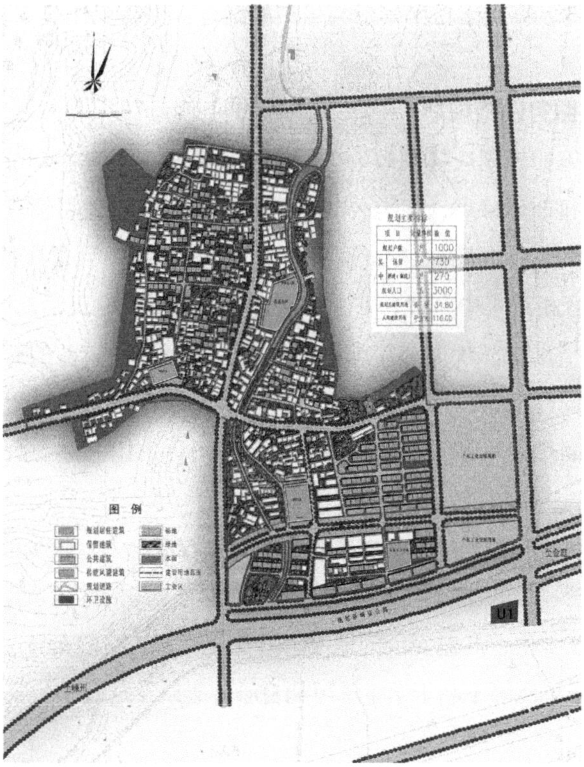

图5-11　浙江省绍兴市嵊州市晋溪村村庄宅基地规划示意

三、设施规划

1. 生产设施

村庄生产设施用地分为农业生产设施用地、工业生产设施用地。其中农业生产设施用地包括打谷场、饲养场、晒场、农机站、育秧房、兽医站等功能。

农机站、打谷场、农产品加工等农业生产设施的选址，应方便作业、运输和管理；晒场、种植园等生产空间宜结合村庄住宅群布置于村庄边缘，既方便村民使用又可形成村庄的公共空间，加强邻里交往。畜禽养殖场应集中布置，以满足卫生和防疫要求，且与村民居住用地保持一定防护距离；兽医站宜布置在村庄边缘。

仓储用及堆场用地的选址，应按存储物品的性质确定，设在村庄边缘及交通运输方便的地段。粮、棉、木材、油类、农药等易燃易爆和危险品仓库与公共建筑、居住建筑、生产建筑等的距离应符合安全和环保的有关规定。

工业生产设施用地宜集中布置，同时应布置在村庄常年主导风向的侧风位且通风排水条件良好的地段。对于有污染的企业应进行严格控制，对于工业生产用地规模也应进行限制，计划远期向镇级工业园区迁移。对于已经具有一定规模的工业企业，根据其产业污染情况制定相应的规模措施，采取限制、搬迁、改造等措施。

手工作坊根据其对环境的影响情况具体安排。不影响环境的可结合村民住宅分散布置于村庄内部，有利于村民生活与生产相结合，提高工作效率。

2. 村庄公共服务设施规划

公共服务设施的规划应体现政府公共管理保障和市场自主调节两方面。综合考虑村庄经济水平和分布特点，各类公共服务设施应结合村民习惯进行合理布局。可采取分散与共享相结合的布局方式，确保各项服务能够覆盖到村庄的整体区域[①]。部分公共服务设施宜相对集中布置，并考虑混合使用，形成村民活动中心。

商业设施应根据村庄规模和需求进行配置，经济条件较差的村庄至少应设置一处小商店；集贸设施根据村庄规模和人口分布情况几个村联合设置，宜设在交通方便地段，同时应满足卫生和安全防护的要求，并不得占用公路、公交站、桥头等交通量大的地段。

村庄文化体育设施规划应考虑村庄规模和村民习惯，人口较少的村庄可将多种文体设施合并。学校、托幼建筑应设在阳光充足、环境安静的地段、远离污染源及易燃易爆场所、不危及学生、儿童安全的地段、避免交通繁忙路段布置；学校出入口不宜与市场、公共娱乐场所等不利于学生学习和身心健康以及危及学生安全的场所毗邻。

① 张建，赵芝枫，郭玉梅，等. 新农村建设村庄规划设计 [M]. 北京：中国建筑工业出版社，2010.

村庄医疗卫生设施应满足服务半径，使村民步行30分钟内能够到达。

公共服务设施的内容和配置标准应符合下表（表5-2）。

公共服务设施配置标准 表5-2

类别	设施名称	服务内容	设置规定		设置要求
			中心村	基层村	
行政管理及综合服务	村委会	村党组织办公室、村委会办公室、综合会议室、档案室、信访接待	必须设置	应设置	—
	文化礼堂及场地	举办各类活动的场所	应设置	可设置	—
	养老服务站	老年人全托式护理服务	应设置	可设置	—
	治安联防站	—	应设置	可设置	—
教育	托儿所	保教小于3周岁儿童	应设置	可设置	根据实际情况确定全托与半托的比例
	幼儿园	保教学龄前儿童	应设置	可设置	
	小学	6~12岁儿童入学	可设置	不应设置	根据教育部门有关布局规划设置
医疗卫生	医疗室	医疗、保健、计生服务	必须设置	应设置	—
文化体育	文化活动中心	老年活动中心、儿童活动中心、农民培训中心等	应设置	宜设置	
	图书室	可与文化活动中心等其他设施合设	应设置	宜设置	
	科技服务点	农业技术教育、农产品市场信息服务	应设置	可设置	可与相关设施合设
	全民健身设施	室内外健身场地	应设置	应设置	结合公共绿地和广场安排
商业服务	农村连锁超市	销售粮油、副食、蔬菜、干鲜果品、烟酒糖茶等百货、日杂货	应设置	可设置	—
	农村淘宝店	提供村民淘宝网买卖商品服务	宜设置	可设置	结合广场、农村连锁超市设置，并铺设相关线路接通网络，配置电脑、电子屏幕等设备

续表

类别	设施名称	服务内容	设置规定		设置要求
			中心村	基层村	
商业服务	邮政、电信、储蓄等代办点	邮电综合服务、储蓄、电话及相关业务等	应设置	可设置	也可依托镇区（乡集镇）现有设施或几个村庄合建
基础设施	垃圾收集点	垃圾分类收集	必须设置	应设置	—
	供电设施	—	必须设置	应设置	—
	供水设施	—	必须设置	应设置	—
	燃气供应设施	—	宜设置	可设置	—
	小型污水处理站	村庄生活及生产污水处理，可集中，可分散	必须设置	应设置	—

四、道路交通规划

1. 道路规划

村庄道路既是村庄内车辆和行人通行的通道，也是村庄空间结构的骨架，同时也是布置村庄工程管线、街道绿化的载体，同时是村民重要的公共活动空间之一。

村庄道路交通不宜机械地照搬城市标准，必须根据村庄的特点，从实际情况出发，以村庄现状、发展规模、用地规划、运输、消防、安全为基础，很好地结合自然地理条件、村庄环境保护、景观布局、地面排水、工程管线布置等，本着"利于生产、方便生活"的原则，制定切实可行的村庄道路规划。同时，应考虑村庄的近、中、远期的发展，为今后拓展留有余地。

村庄道路规划要尊重原有的村庄道路格局，一般情况下不宜大拆大建，在满足人行、车行的情况下延续原来路网格局，保证村庄原有空间肌理不受大面积破坏。因此在村庄规划中应细心研究村庄肌理，精心构思形态，以促进村庄形态的丰富变化。

村庄道路除了按照基本的道路设计要求外，还要满足村庄景观的要求。通过道路街巷的线型柔顺、曲折起伏，配合两侧沿路建筑物的进退错落以及多样的绿化，创造丰富的村庄景观。村庄车行道路需进行硬化，步行为主的道路宜选择乡土材料，如毛石、青石板或鹅卵石等进行铺装（图5-12）。

一般情况下，村庄道路根据使用功能、性质和交通量大小分为村干道、村支路、巷道三个等级。村干道、村支路应该满足消防车辆通行要求（图5-13、表5-3）。

图 5-12　村庄典型道路

图 5-13　浙江省温州市文成县九都村道路系统

村庄道路控制宽度参照表　　　　表 5-3

村庄规模分级	道路级别		
	村干道（米）	村支路（米）	巷道（米）
特大型	10~14	6~7	1.5~3
大　型	10~14	6~7	1.5~3
中　型	8~12	5~7	1.5~3
小　型	5~7	3~5	1.5~3

注:单车道的道路应设置错车道,间距可结合地形、交通量大小、视距等条件确定,有效长度不应小于 5 米。

2. 交通设施规划

落实提倡公交优先原则，村庄应设置公共汽车停靠站。公共汽车停靠站宜设置在村口或村子人流较为密集的广场周边。公交站应提供一定的休憩设施，为等候公交的人提供便利，同时提供了日常村民交流的公共场所，使公交站的功能具有复合性。公交站的形象设计宜结合村名，利用乡土元素，体现村庄特色（图5-14、图5-15）。

机动车停车场地宜根据村庄产业发展、结合居住模式进行布置。对于以发展民俗旅游、观光旅游为主的村庄，应增加停车场面积，以满足外来机动车辆停放。

村民的机动车宜充分利用住宅庭院空间进行停车。农用车的车辆停放宜结合农业生产设施用地布置，不与公共机动车停车场共用。

图5-14　浙江省丽水市莲都区利山村公交车站设计

图5-15　浙江省温州市文成县项山村停车设施与公共设施相结合

五、村庄绿地规划

村庄绿地规划应根据村庄自然环境特点与生态环境建设的要求，充分考虑与现状农田、经济林地和防护绿地的关系，结合村庄用地布局、现状绿地布局和绿化特点，因地制宜安排公园绿地、防护绿地以及村庄周围环境的绿化，形成完整的绿地系统。

公园绿地选址应考虑村民公共活动密集的节点，如村口、公共服务设施中心，充分利用现有景观资源进行布置，同时提升村庄的景观环境。公园绿地设计应考虑村民的使用习惯、心理需求和实际用途，要与生活生产方式相结合。它既是村民重要的公共空间，也是多功能用途的场所，不宜采用形式主义的构图而失去其实用性，也不宜注重纯粹观赏性而忽视其使用功能。

在绿地系统规划上，讲究"浑然天成"的设计意境，用乡土元素和自然景观塑造整体绿化。自然朴实的美是村庄土生土长的自然美，因此村庄的绿化景观应突出自然田园之美、乡土文化之美、自然材料之美，不宜用城市设计手法设计村庄的景观，这会与乡村自然风格的环境格格不入，且极大地破坏了农村原有的自然朴实之美（图5-16）。

村庄绿化应结合村庄文化，注重将乡土文化与景观系统融为一体。

防护绿地应根据卫生和安全等功能的要求，分别布置水源保护区防护绿地、工矿企业防护绿带、养殖业的卫生隔离绿带、铁路和公路防护绿带、高压电力线路走廊绿化和防风林带等。

道路绿化不宜作强制性要求，应根据村庄的经济发展条件而种植。道路绿化应充分考虑村民生活习惯，不宜因强调绿化而占用其他空间。

图5-16　浙江省杭州市桐庐县环溪村古桥绿化

村民广场规模和选址应充分考虑村庄的建设用地情况，宜与重要的公共设施相结合，如祠堂、村口、公交站等。广场的布局应结合农村居民的生产、生活和民俗乡情，适当布置休息场所、健身活动场所和文化设施，方便村民使用；同时也能在农忙时临时为农业生产设施提供场所，发挥村民广场功能的复合性。严格控制广场规模，不应在村庄内设置形式主义或规模尺度脱离实际需求的广场。

六、历史保护规划

随着工业化、城市化、新农村建设进程的加快，村庄的历史文化存有环境发生了很大变化，连片且有一定规模的历史文化遗产越来越少，一些健康的民间习俗逐渐消逝。村庄规划应充分认识保护历史文化村落的重要性，把保护、传承和利用历史文化及传统文化作为农村经济社会发展的重要支撑，作为村庄规划建设的重要内容，切实加大对历史文化存有环境的保护力度，悉心保护村庄的建筑形态、自然环境、传统风貌以及民俗风情，让它们古韵长存、永续利用。

1. 历史保护的主要内容

村庄的文化包括物质文化和非物质文化。村庄规划不仅要对物质文化进行保护，更需要传承非物质文化。村庄规划中应严格、科学保护历史文化和乡土特色，延续和体现传统文化、乡村特色、地域特色和民族特色。

村落的物质文化保护对象，主要为两大类型。第一种为村落古建筑，包括现存古民宅、古祠堂、古戏台、古牌坊、古桥、古道、古渠、古堰坝、古井泉、古街巷、古会馆、古城堡等历史文化实物，能较完整地反映某一历史时期的传统风貌和地方特色，具有较高历史文化价值。第二种为村落的布局特色，即以天人合一理念为基础，村落选址、布局、空间走向与山川地形相附会，村落建筑与自然生态相和谐，显现出农民生产生活与山水环境相互交融，自然生态环境、特种树木以及村落建筑保护较好。

村落的非物质文化保护对象，主要指根据特定民间传统，涵盖婚嫁、祭典、节庆、饮食、风物、戏曲、民间音乐舞蹈、工艺等非物质文化遗产，传统的民俗文化延续至今，为当地群众所创造、共享、传承，并有约定俗成的民俗活动（图5-17）。

2. 保护区规划

历史文化保护规划应保持与延续村庄整体格局；划定保护范围并提出相应保护要求与控制措施；对历史环境要素和非物质文化遗产提出保护要求。特色风貌规划应体现村庄自然与人文环境的特色构成；延续村庄特色空间形态格局；明确需保护

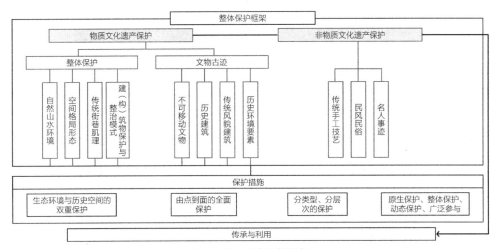

图5-17　历史保护框架

的特色要素，并与村庄规划各项规划建设相协调。

　　村庄历史文化保护应综合保护古建筑与存有环境。按照统筹兼顾、综合保护的要求，整体保护好村庄丰富的古建筑遗存和古朴的村落风貌。既要注重保护好历史文化村落古建筑群的整体建筑，又要悉心保全街巷格局、空间尺度、非物质文化遗产及其载体空间，还要保护与其相互依存、布局精妙合理、村落与自然融为一体的存有环境。

　　为了保护传统建筑并协调周围环境，保护村庄风貌特色，可划分三个等级的保护层次。将村庄传统格局和历史风貌保存较为完整、历史建筑和传统风貌建筑集中成片的地区划为核心保护区，即传统建筑的绝对保护区范围，是已经公布批准的各级文物保护单位、有文化底蕴的老建筑和具有地方特色的传统风貌建筑其本身和其组成部分的四至边界以内，是体现历史文化保护区主要景观的地区，要求区内的建筑物、街巷、绿化等基本保持（或修复）某个历史时期的风貌，并基本保持其原有的功能性质。

　　在核心保护区之外划定建设控制区，即核心保护区周围相邻地段。该区域内的建设要与重点保护区风貌相协调，避免产生不利影响。也可根据实际需要划定风貌协调区。核心保护区、建设控制区和风貌协调区应制订不同的保护措施（图5-18）。

3. 核心保护区保护措施

　　尽量保护村庄的真实历史遗存，注意村庄该区域整体风貌的保护，保护构成历史风貌的各个要素（包括建筑物、院墙、街巷、河道、古树等）。除村庄内的文物保护单位按相关法规予以保护外，对于历史文化保护区中的历史建筑，其外观要按历史面貌保护整修，内部可以进行适应村民现代生活需要的更新改造，改善使用条件。

图5-18　浙江省金华市金东区郑店村历史保护规划中的保护建设层次

采用逐步整治的做法，切忌对村庄进行大拆大建，不把仿古造假当成保护手段。对于不符合整体历史风貌的建筑要适当改造，恢复原貌。

在保护历史风貌的前提下，努力改善原有的设施条件，逐步提高村民生活环境质量。

4. 建设控制区保护措施

建设控制区总体要求是要与重点保护区的整体风貌相协调，或不对重点保护区的环境及视觉景观产生不利影响。根据建设控制区每个地块的不同位置，提出不同的控制要求。

在建设控制区内进行新的建设时，要控制用地性质、建筑高度、容积率、绿地率、建筑形式、体量、色彩等。重要地段则应对建筑高度、形式、体量、色彩等要提出更具体、严格的控制要求。同时要避免简单生硬地大拆大建，注意历史文化的延续，要注意保护街巷骨架体系和质量尚好的历史建筑及原有树木等。

5. 风貌协调区保护措施

风貌协调区作为保护的背景，应注意建设活动与保护对象和周边环境的协调。

七、基础设施规划

合理安排给水排水、电力电信、环境卫生等基础设施，明确近期实施部分的具体方案，包括选址、线路走向、管径、容量、管线综合等。

1. 给水排水

给水：合理确定给水方式、供水规模，提出水源保护要求，划定水源保护范围；确定输配水管道敷设方式、走向、管径等。村庄给水方式分为集中式和分散式两类，无条件建设集中式给水工程的村庄，可选择手动泵、引泉池或雨水收集等单户或联户分散式给水方式（图 5-19）。

排水：确定雨污排放和污水治理方式，提出雨水导排系统清理、疏通、完善的措施；提出污水收集和处理设施的整治、建设方案，提出污水处理设施的建设位置、规模及建议；确定各类排水管线、沟渠的走向、横断面尺寸等工程建设要求。合理确定村庄的排水机制，位于城镇污水处理厂服务范围内的村庄，应建设和完善污水收集系统，将污水纳入到城镇污水处理厂集中处理；位于城镇污水处理厂服务范围外的村庄，应联村或单村建设污水处理设施。污水处理设施应选在村庄下游，靠近受纳水体或农田灌溉区。村庄雨水排放可根据地方实际，充分结合地形，以雨水及时排放与利用为目标，采用明沟或暗渠方式，或就近排入池塘、河流或湖泊等水体，或集中存储净化利用（图 5-20、图 5-21）。

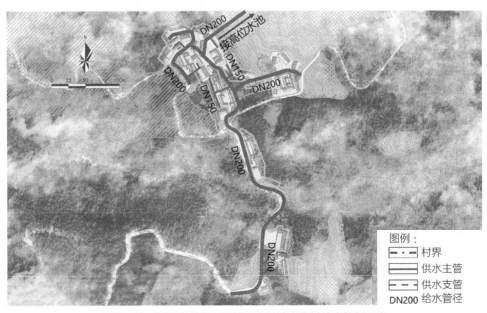

图5-19 福建省龙岩市连城县庙前镇岩背村给水规划示意

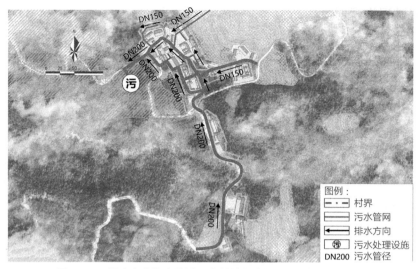

图5-20　福建省龙岩市连城县庙前镇岩背村污水设施规划示意

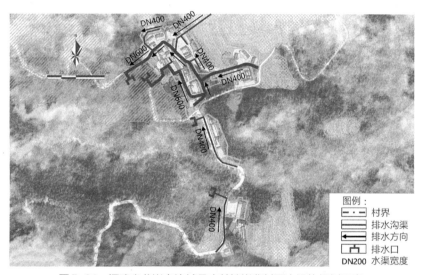

图5-21　福建省龙岩市连城县庙前镇岩背村雨水设施规划示意

2.电力电信

　　确定用电指标，预测生产、生活用电负荷，确定电源及变、配电设施的位置、规模等。确定供电管线走向、电压等级及高压线保护范围；提出新增电力电信杆线的走向及线路布设方式；提出现状电力电信杆线整治方案。

3.能源利用及节能改造

　　结合各地实际情况确定村庄炊事、生活热水等方面的清洁能源种类及解决方案；提出可再生能源利用措施；提出房屋节能措施和改造方案；缺水地区村庄应明确节水措施。

4. 环境卫生

确定生活垃圾收集处理方式，合理配置垃圾收集点、垃圾箱及垃圾清运工具；鼓励农村生活垃圾分类收集、资源利用，实现就地减量。按照粪便无害化处理要求提出户厕及公共厕所整治方案和配建标准；确定卫生厕所的类型、建造方式和卫生管理要求。对露天粪坑、杂物乱堆等存在环境卫生问题的区域提出整治方案和利用措施，确定秸秆等杂物、农机具堆放区域；提出畜禽养殖的废渣、污水治理方案。

八、村庄安全与防灾减灾

村庄应根据所处的地理环境，综合考虑各类灾害的影响，明确建立综合防灾体系的原则和建设方针，划定村域消防、洪涝、地质灾害等灾害易发区的范围，制定相应的防灾减灾措施。

1. 消防

划定消防通道，宽度不宜小于4米，明确消防水源位置、容量。村庄内生产、储存易燃易爆化学物品的工厂、仓库必须设在村庄边缘或者相对独立的安全地带，并与居住、医疗、教育、集会、市场、娱乐等设施之间的防火间距不应小于50米（图5-22）。

2. 防洪排涝

确定防洪标准，明确洪水淹没范围及制定防洪措施；确定适宜的排涝标准，并提出相应的防内涝措施。

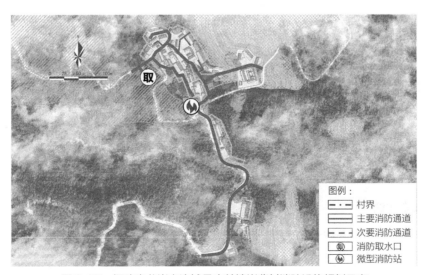

图 5-22　福建省龙岩市连城县庙前镇岩背村消防设施规划示意

乡村环境设计

3. 地质灾害综合防治

根据所在地区灾害环境和可能发生灾害的类型进行重点防御。山区村庄重点防御滑坡、崩塌和泥石流等灾害，矿区和岩溶发育地区的村庄重点防御地面塌陷和沉降等灾害，提出工程治理或搬迁避让措施。

4. 避灾疏散

综合考虑各种灾害的防御要求，统筹进行避灾疏散场所与避灾疏散道路的安排与整治。村庄道路出入口数量不宜少于2个，1500人以上村庄中与出入口相连的主干道路有效宽度（指扣除灾后堆积物的道路实际宽度）不宜小于7米，避灾疏散场所内外的避灾疏散主通道的有效宽度不宜小于4米；避灾疏散场地应将村庄内部的晾晒场地、空旷地、绿地等纳入（图5-23）。

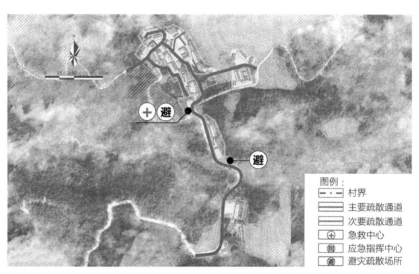

图 5-23　福建省龙岩市连城县庙前镇岩背村避灾疏散示意

复习与思考

1. 如何确定一个乡村的产业发展方向？

2. 村域规划中，村庄的几条控制线是什么？

3. 谈谈你对村庄历史保护与利用的措施。

课堂实训

1. 谈谈村庄规划的两个层面及其主要内容。

2. 查找资料，挑选一个村庄规划案例，读懂其产业发展、用地控制线、土地利用规划图等内容。

第六章

乡村景观设计

本章概述

本章节主要学习乡村环境中景观设计的原则、内容和方法。乡村景观设计与城市不同，乡村有着自身特有的肌理，在设计时要注重生态优先原则、风貌协调原则、经济原则等。乡村景观类型多样化，节点丰富，包括村口、公共区域、庭院、滨水等。植物作为景观的重要组成部分，乡土植物的选择更要符合乡村景观的设计原则。

学习要点及目标

1. 理解乡村景观设计的要求以及乡村景观环境改善对乡村的意义。

2. 了解乡土植物树种，熟悉常用树种并运用在景观设计中。

3. 掌握乡村景观的设计方法，并进行具体的项目设计。

核心概念

乡村景观、乡土植物、村落景观节点

课程思政内容及融入点

通过乡村景观的学习，帮助学生更深入地感受乡村的特色，理解乡村环境对村民的生活方式的影响和改善、对乡村发展的影响具有的重要意义。乡土植物的学习，让学生学习中国传统的生态美学思想；在乡村振兴战略的助力下，如今的中国乡村有了翻天覆地的变化。通过现代乡村景观的发展历程，学生可以感受到当代中国乡村之美，感受到乡村的发展与变化。

第一节　乡村景观设计概述

乡村景观主要指乡村地域范围内的景观环境，受到多方面的因素影响，形成了自然景观、人文景观等。它是人与环境长期相互作用形成的生态综合体。乡村景观设计是对这一环境空间进行构建，构成乡村环境的重要组成部分。

乡村环境的形成往往有着较长的时间积累，作为乡村聚落和乡村文化的载体，历史在乡村留下了不可磨灭的印迹。这些印迹是历史的宝贵财富，反映了当地从早期农耕社会开始形成的乡土社会关系，在设计中应该充分考虑乡村景观地域性特征。此外乡村环境是村民进行各种日常生活和社交的场所，所以在设计过程中要考虑到村民的实际需求，这些需求是随着时代变化而在不断变化的。现如今，随着村民生活方式的改变，村民需要在乡村环境中获得集体感、归属感、自豪感等社会性心理，因此乡村景观设计过程中也应注意到这些环境的社会属性，为其提供合适的场所。

传统村落大多是自发形成的，因此景观空间形成也带有偶然性。而现代乡村随着生产力的发展，依照规划先行的方式进行布局，所以会形成人为的景观空间，这些景观的设计更应该注重设计原则。在乡村景观设计中要注重的原则有以下几点。

- 生态优先，建设可持续发展的乡村。
- 以人为本，建设和美乡村。
- 因地制宜，体现地域特色。
- 政府引导、农民参与，设计先行。

乡村景观从空间布局和功能上主要分为乡村入口节点景观、乡村公共区域景观、乡村庭院景观、乡村滨水景观等。从乡村景观的设计专项有：硬质景观设计、公共设施及景观小品设计、乡村植物景观设计，其中后两项与城市景观有较大的区别。

第二节　乡村庭院景观设计

一、乡村庭院景观概述

乡村庭院主要是指村民的家庭庭院，这部分一般属于私人范围，但乡村中庭院形式较为开放，边界也相对模糊。庭院景观环境对乡村整体环境有着较大的影响，随着生活水平的提高，对庭院的需求也从简单满足使用需求提升到对整体环境多方面的需求，主要有以下几点：

1. 与地域特征相统一

乡村庭院应充分尊重乡村地域特征，利用当地的自然资源优势，如地形、植被、水源等，使设计与周围的自然环境相协调。注重各个元素之间的和谐统一，包括建筑、景观、装饰等方面。这有助于创造一个整体感强、美观大方的庭院空间。

2. 尊重文化背景

乡村庭院设计应充分调研当地的文化特色和历史背景，如建筑风格、装饰元素等，将其巧妙地运用到设计中，增强当地居民的对空间的认同感。

3. 注重功能性

乡村庭院不仅要具有观赏价值，还要具有一定的实用性。设计师需要充分考虑庭院的功能需求，以人为本，确保其能够满足当地居民的生活需求。

4. 追求乡村美学

乡村庭院设计应充分考虑美学中比例和尺度的关系，使各个元素的大小、形状、位置等相互协调。注重色彩的搭配，利用线条和形状的变化，创造出丰富的空间层次和动态感，创造乡村特色庭院。

二、庭院设计的内容及方法

1. 空间布局

根据庭院人群需求合理规划庭院空间，使其既美观又实用。通常设置休闲区、种植区、观赏区、晾晒区等功能区域。同时，要注意保持空间的通透性和流畅性。

2. 庭院绿化

通过绿化设计形成具有乡土特色的地域性庭院景观，优先选用乡土植物，选择适合当地气候和土壤条件的植物，以保证其生长健康；考虑植物的观赏价值和生态功能，如净化空气、调节湿度等；注意植物的色彩搭配，使庭院呈现出丰富的层次感；建议选择不同季节开花的植物，以保持庭院四季常绿；根据庭院的光照条件，选择喜阳或耐阴的植物。

3. 庭院围栏

民居建筑和围栏共同围合形成了庭院空间。庭院围栏可根据建筑风格和乡村特色选择乡土材料进行设计，以确保整体风格的统一。

4. 休憩设施

设置如亭廊、花架、桌凳等，为人们日常生活提供休闲游憩的室外空间。注重空间大小的合理设计，以人为本，注重人际关系。

5. 庭院铺装

根据庭院的功能需求和美学要求，选择合适的材料进行铺装，要考虑材料的耐久性、美观性和实用性；注意铺装材料的色彩搭配，使庭院呈现出和谐统一的视觉效果。可以选择与周围环境相协调的颜色，或者采用对比色来增加空间层次感；在铺装设计中加入图案元素，增加庭院的趣味性和艺术性，一般选择传统的几何图案、自然图案等；在铺装设计中考虑排水问题，确保雨水能够顺利排放。可以设置排水沟、渗水砖等设施，以防止积水和滑倒事故的发生。

6. 景观观赏小品

根据庭院的整体风格和主题，设计与之相协调的景观小品；选择合适的材料制作景观小品，如石材、木材、金属等。要考虑材料的耐久性、美观性和实用性；要根据庭院的实际面积和布局，合理设置景观小品的大小和位置；注意景观小品的色彩搭配，使其与周围环境相协调。可以选择与铺装、植物等元素相呼应的颜色，或者采用对比色来增加视觉焦点。

7. 水景设计

若庭院中设置水景，可以增加庭院的活力和趣味性。同时，水景还可以起到降温、保湿等作用。水景的设计首先要考虑水景的形式美。其次在设计过程中关注水源的水质、水量和安全性。确保水景设施的排水系统畅通，防止事故发生。

第三节 乡村公共活动空间景观设计

乡村公共空间是乡村居民日常生活的重要场所，是指可以自由进出、组织公共活动、日常交流的空间。乡村公共空间作为乡村生活重要的物质载体，体现了乡村居民的生活方式和生活观念，它承载着乡村的历史，也维系着村民的集体认同感与归属感。乡村公共区域在村民自发性生产和生活中得到了更多自主性的发展，功能呈现多样性，人们交往互动的形式和内容变得更加自由。随着城市化的快速推进，乡村的一些传统公共区域作用得以延续，但功能逐渐弱化。一部分公共区域也逐渐淡出了人们的生活领域，如自来水的普及使得水井、码头日趋冷落。公共区域景观设计对乡村公共空间重构有着重要的意义。

常见的乡村公共活动空间类型有广场空间、公共绿地和街巷空间，不同的空间承载着不同的功能，需要营造出不同的环境。

一、广场空间环境

1. 广场空间景观的概述

乡村中的广场空间景观兼具实用性和功能性特征。例如，在祠堂、宗庙、戏台或村中大树的周边空地，通常会加设座椅、花台、灯具等设施来满足空间的使用要求；在村民活动中心、文化礼堂等公共建筑周边的公共广场，通常为村民操办红白喜事和民俗活动提供足够的空间和完备的活动基础设施等。乡村广场空间是集会商贸、休闲运动、文化传承的场所，也是村民聚集较多的重要场所。

2. 广场空间景观设计

（1）选址合理

广场应位于村庄中心或交通便利的地方，宜开敞。根据交通合理安排广场周边停车空间，设置分隔措施，保障村民在广场内的活动安全。

（2）凸显地方特色

广场应体现当地的自然和文化特征。充分挖掘乡村文化底蕴，运用具有乡土特色的传统景观元素，展示当地文化特色的广场，例如可设置雕塑、纪念碑、历史遗迹、景观小品等，增加村民对广场空间的归属感和认同感。

（3）生态原则

在乡村广场的设计过程中，需要尊重并保护原有的自然环境，例如尊重原有地势；种植当地乡土植物；通过合理的设计改善生态环境。

（4）铺装选择

为了与自然环境融合，广场的铺装多采用石头、木材、砖、瓦、竹子等天然材料。设计中应充分考虑硬质铺地及绿化的形式和比例关系，不宜过度铺装。

（5）实用原则

乡村广场应满足村民的日常生活需求，提供休息、娱乐、交流等功能的同时，力求经济实用性。例如应设置长椅、花台、灯具等设施，也可与村民健身设施组合布置，为村民提供体育锻炼的场所，如设置篮球场、足球场、乒乓球桌等设施，注重人们的身体健康。

二、公共绿地

1. 公共绿地设计的概念

乡村公共绿地是指乡村公园、绿化带等公共空间，既可满足居民的休闲、娱乐、健身等需求，又可提高乡村环境质量和生态效益。良好的公共绿地空间可提高乡村生态环境质量、为村民提供了休闲娱乐和健身锻炼的场所，提高身心健康水平。同时它也是体现乡村文化内涵的重要场所，通过景观设计、艺术装置等方式，可以展现乡村的历史文化、地域特色和时代精神，丰富乡村文化内涵。

2. 公共绿地设计

（1）空间布局

根据乡村地形地貌、人口密度等因素，合理规划公共绿地的位置和大小，使其能够覆盖到全部居民。

（2）植被选择

选择适应当地气候条件和土壤条件的植物，优选当地常见的乡土植物，包括乔木、灌木、草坪等，以增加绿地的美观性和生态效益。

（3）设施设置

在公共绿地中设置休息区、游乐设施、健身器材等，以满足居民的不同需求。使之成为村民聚集、交流、互动的场所，增强村民的凝聚力和归属感。此外，应注重照明设计，在夜间提供足够的照明，以确保公共绿地的安全性和可用性。

（4）管理维护

建立有效的管理机制，定期对公共绿地进行养护和管理，使其保持其良好的状态，力求可持续发展。

三、街巷

1. 街巷空间概念

街巷空间节点主要是位于路径的交叉点和转折点。有两种空间最具代表性，一种是街巷与庭院入户口组成的空间节点，这也是庭院景观的重点营造对象；另一种是可使居民聚集的街巷交叉口的公共景观节点，是塑造街巷活力的重要节点。

乡村中的街巷空间通常是指村庄或乡镇中的道路和小巷，是人们出行、交流和生活的重要场所。这些街巷空间通常比较狭窄，路面多为石子或泥土铺成，两旁是房屋和商铺，有时会有树木和草坪点缀其中。在乡村中，街巷空间不仅是交通的通道，也是社交和文化活动的场所。人们可以在街巷上相遇、交谈、交换信息，也可以在街巷上举办各种活动，如庙会、集市等。此外，街巷空间还是传统文化的重要载体，许多古老的建筑、雕塑、壁画等都存在于街巷之中，反映了当地的历史和文化。然而，随着城市化的进程不断加快，许多乡村中的街巷空间正在逐渐消失或被改造。因此，保护和恢复乡村中的街巷空间，对于维护当地的文化遗产和传统生活方式具有重要意义。

2. 街巷空间设计

（1）注重安全便利性

乡村街巷应考虑行人和车辆的安全，设置合适的人行道、过街设施和交通标志等。在道路两侧或中央设置路灯，提供夜间照明，以保障行人和车辆的安全。注重交通设施设计，包括交通标志、标线、路牌等，引导行人和车辆行驶，以提高交通安全性。乡村街巷的设计应考虑到居民的生活需求，设置足够的公共设施和服务设施，如休息亭、公共厕所、垃圾箱等，为行人和车辆提供便利服务。

（2）强调通行性

注重街巷的道路规划和设计，确定道路宽度、曲线半径、坡度等参数。乡村街巷的宽度和路面材料应考虑到当地气候和地形等因素，以确保车辆和行人能够顺畅通行。

（3）注意美观性

乡村街巷的设计应注重美观性，采用合适的绿化、景观和建筑元素，以增强其吸引力和特色。在道路两侧或中央设置绿化带，种植树木、草坪、花卉等植物，以美化环境、净化空气、降低噪声等；院墙设计优先使用镂空花墙、绿篱等隔断手法，虚实相间，使内外空间相互渗透；沿街建筑物的外观设计时，应注重材料的选择，使其与周围环境相协调，增强整体美感。

（4）体现文化性

乡村街巷的设计应尊重当地的文化传统和历史遗产，保留有价值的建筑和文化遗产，同时融入现代元素，以展示当地的独特魅力。

第四节　乡村入口景观设计

一、乡村入口景观概述

乡村入口空间是乡村景观空间中最重要的节点，展示了村庄特色，体现了村庄形象，连接着村内外空间。村口是一个村庄的门面，是村落给人的第一印象，同时也代表着人们的故乡情结。传统村落的村口多种有大树，夏日纳凉，秋日捉虫；村口的小溪，可以摸鱼戏水；那儿有闲话家常的人们，那儿是村子里最有人气的地方，远方游子归来，看到大树就知道到家了。

1. 乡村入口节点的功能

乡村入口承载着交通、标识、文化表达等多项功能。其中交通功能，体现出村口是特定交通节点，并根据村庄内部结构进行内外交通的连通；村入口大多是村庄的界定标志，划分村内与村外空间；乡村入口的景观标识还有展示村庄名称、体现村庄特色的功能。此外，不同的村落对入口节点还有其他的附属功能，如农旅村落还有集散、售票、游客接待的功能。浙江省杭州市余杭区雅城村是蜜梨特色种植村落，村口景观采用了梨造型的造景，凸显村庄种植特色（图6-1）。

2. 乡村入口的文化表达

乡村入口的古树、村名标志牌、植物等特色景观元素增强了村入口的标志性。传统的村落入口，主要承载着人们休闲、聚会的功能。它不像祠堂那样森严，是一个相对舒适的聚会场所，所以传统的村口，经常可以看到大树、溪流、风水林等中等规模的空地。现代新农村人们的娱乐、聚会方式发生了改变，年轻人更多地青睐网络等其他形式的聚会，传统的村口聚会变成了老年项目。随着乡村整体环境的提升，越来越多的村镇把村口作为村镇文化展示的窗口，空间上更注重位置的选择。更多的村镇把入口形象放置在交通主干道上，有明确的指示功能和退让的空间，其更多的是视觉及交通上需要，特别是对于进行旅游开发的村镇。

图6-1 浙江省杭州市余杭区雅城村村口景观

浙江省杭州市余杭区鸬鸟镇因境内有形似鸬鸟之山而得名。鸬鸟镇地处杭州最西北山区，毗邻竹乡安吉，境内群山环抱，跌宕生姿，气候宜人，满目苍翠，十里竹海，山涧瀑布，奇峰异石，蔚为壮观。鸬鸟的入口标识选址在十字路口处，场地开阔，彰显大气和欢迎各地前来的胸怀。从入口标识角度分析，鸬鸟镇改造设计主要遵循"慢生活"的新型理念，在主要视觉中央摆置蜗牛的轮廓形象来契合鸬鸟镇"慢"的特点。同时用鹤的小品来契合村镇文化寓意，打造出一番自然悠闲宁静的生活状态。从景观构筑的角度来看，主要景墙以自然曲线的形式来展现，同时用石块堆砌的方式来构筑。在左侧留有抽象的空隙将蜗牛的标识摆放在其中，在景墙前侧散落式地放置大石块。植物配置从竖向层面看，主要分为三个层次。从上到下，大乔木主要种植在景墙后侧作为背景，中层植物的桂花与五针松种植在景墙的右侧作为点缀，景墙左侧多为灌木，并且在景墙之前种植红花继木球等进行点缀（图6-2）。

二、乡村入口景观设计方法

1. 选址

确定村庄入口位置需要综合考虑交通、地理标志性、安全、经济和环境等多个方面。最终目的是要使入口成为村庄的重要标志，既方便人员和车辆进出，又能反映村庄的历史和文化特色。

（1）交通便捷

村入口的选择首先要考虑交通问题，这是根据村庄与交通干道的关系确定。需选择易于人们进出的地方，通常与村子附近较好的道路连接，方便车辆和行人的进出。

图6-2　浙江省杭州市余杭区鸬鸟镇入口

（2）地理标志性

入口应具有明显的标志性，以便人们能够轻易找到。这可以包括附近的山峰、河流、湖泊等自然景观，或者建筑物、桥梁、隧道等人造地标。

（3）安全管理

入口位置应便于安全管理和监控。确保入口处有足够的空间供车辆停放，同时也要考虑到行人的安全通道和交通疏导。

（4）经济与环境

入口位置应尽量减少对环境的负面影响。包括减少对周围生态环境的破坏，避免对历史文化遗产的破坏，以及减少噪声和空气污染等。

如果乡村是一个旅游目的地，入口位置应有利于吸引游客。可以考虑将入口设置在旅游景点附近，或者在入口处设置一些商业设施，如纪念品店、餐厅等，以增加收入来源。

2. 材质运用

入口是村镇的门面，是特殊节点，所以在设计过程中，设计师通常会运用多变的材质、不同的形态构成等各种设计手法来体现各村镇的不同风貌。

在关于村镇入口主要景观节点的探讨中，景观标识作为主要村镇文化内涵与核心发展理念的总结与表达，往往是简洁明了而又极具内涵，而景观构筑物则是从另一侧诠释村镇文化。从空间层次上看，入口景观构筑则更多地偏向于层次上的丰富，如高低错落、左右错开、前后穿插，对于植物的配置通常是常绿与落叶植物需相间，以四季有景赏为理念做到色彩上的变化。

在入口景观的材质运用上，随着时间、功能的演变而有了重大演变。从前期的非刻意行为，到后期的先设计后施工，对村口景观的投入日益加大，材质上也更为丰富，更能体现出文化特色。乡村景观材料主要可以分为两大类，一类是乡土材料，如青砖、木材、石材、夯土等都是现代乡村景观常用材料；另一类是现代材料。前些年，城市化、现代化风貌风靡，大量现代材料生搬硬套地运用在乡村，极为不和谐，所营造的空间不伦不类。经过近些年的摸索，现在在现代材料的运用上更注重材料出现的形式，使得现代材料如耐候钢等可以和乡土材料有机地结合，共同营造出既保留了原有乡土文化又具有时代特色的景观。如浙江省杭州市富阳区下图山村入口景观采用了青砖与木材相结合的形式，浙江省杭州市建德市溪头村的入口景观采用江南民居的形态和材质（图6-3、图6-4）。

3. 景观形态设计

形态上，传统的村镇入口基本都是大型观赏石或者石、木牌坊形式居多，缺乏

图 6-3　浙江省杭州市富阳区下图山村村口景观　　图 6-4　浙江省杭州市建德市溪头村村口景观

村镇的个性化体现。在"一村一品"等政策的推动下，村镇越来越重视自身独特魅力的挖掘，入口形态更为多样化，也更能表达出村落的内涵。

　　大溪村地处浙江省杭州市富阳区，因村内有溪流穿过而得名，现设有花海景区等。将村口景观设置在路边，场地并不宽裕，所以在设计上不能从空间上做文章，在这个设计中除了村名等必要信息外，还设置现有"船只"图案点题，既隐含村名，又体现出村落的特色，还在造景上有突破与其他村落有较大区别，识别度高（图 6-5）。

4. 村庄特色表达

　　入口作为村庄的门面，是村庄很好的宣传自身、展示自身的机会，在入口节点设计中可以充分挖掘村庄特色进行展示。

　　白墙黑瓦是浙江传统民居的主要形式，虽然随着建筑形态的变化，很多建筑并没有完全保留下来，但是在现在村落景观的塑造上，挖掘了传统建筑的这一形态，很多村的入口也借鉴了这个形式，如浙江省金华市浦江县下薛宅村景观（图 6-6）。

图 6-5　浙江省杭州市富阳区大溪村村口景观

图 6-6　浙江省金华市浦江县　　　　　图 6-7　浙江省杭州市淳安县
　　　　下薛宅村入口　　　　　　　　　　　　　王家源村入口

　　浙江省杭州市淳安县王家源村在地质界有着特别的意义，王家源村发现了大量奥陶纪文昌组海洋的化石，成为当地一大特色。省道附近村落入口，场地上缺乏发挥的余地，因此设计采用浮雕的景观形式，海洋生物的形象看似与周边环境格格不入，却恰好可以凸显出其独特的地质学的地位（图 6-7）。

第五节　乡村滨水景观设计

一、乡村滨水景观概述

1. 水系与乡村的关系

　　传统村落的选址通常会择水而居，水系或穿村而过，或绕村而行，成为影响传统村落空间形态的重要构成要素。南方平原的许多自然村落如安徽的西递村、碧山村等，将溪水引入村，充分体现出水系与乡村格局的关系，形成特有的"水口园林"，与风水林等自然景观和亭台楼阁等人文景观有机结合，成为当地人休憩的场所。部分村落的水系部分成了村落的中心，如传统村落安徽省黄山市黟县宏村（图 6-8）、浙江省金华市兰溪市八卦村等。

　　乡村水系是水网连通及水美乡村建设的载体，乡村水系是指位于农田或农民居住区域的河流、湖泊、塘坝等水体组成的水网系统，承担着行洪、排涝、灌溉、供水、生态、养殖及景观等多种功能，是农业生产的命脉，是乡村自然生态的重要组成部分，滨水景观的打造对于改善乡村人居环境、改善乡村生态环境、推动乡村振兴战略具有重要意义。

　　滨水空间是村民生产生活的重要场所，也是村内主要的公共空间。传统村落的滨水空间是开敞性、面向水的交往空间，是自然要素与社会要素相结合的场所。浙江省杭州市桐庐县翔岗村至今还用石板闸门将出水口堵住，使山泉水漫出，沿着老

图6-8　安徽省黄山市黟县宏村水系中心

街街面流淌，以达到清洗街面、降温的效果。这是当地特有的传统民俗"洗街"，至今已延续三百多年，后谐音为"喜街"，和古人"过年"驱赶"年兽"辞旧迎新一样，"喜街"寓意着祛灾纳福，平平安安，同时也蕴含着清洗污浊、干净做人之意（图6-9）。

　　在宏观层面，乡村景观中的滨水景观应充分平衡农村水系的水利功能、生态系统、乡村发展要求等。以水为脉，既可以统筹农村水系总体空间布局，又可以丰富乡村水系景观人文的时代内涵。建议积极谋划体现农村特色的多元水生态产品，让美景大力推动乡村生态文明建设，让景观不"仅"观。

　　在中观层面，滨水景观设计应遵循乡村水系独特的自然结构和生态功能需求。在尊重乡村水系自然本底的基础上，让滨水景观空间成为水系生态廊道的重要载体，让生态系统维持健康的状态。夯实蓝绿基底，避免为了面子工程或者过度追求美观而忽略水系的生态属性。

图6-9　浙江省杭州市桐庐县翙岗村洗街活动
（图片来源：桐庐旅游公众号）

在微观层面，根据地域特色提取水文化元素符号。加强水文化元素的实际应用，提高乡村水景的文化品位，让景观人文建设过程成为提高人民素质、促进人民的全面发展的过程，从而提高人民对农村水环境的认同。

2. 乡村滨水景观概念

滨水地区一般指同海、湖、江、河等水域濒临的陆地边缘地带。乡村滨水景观指的在乡村中由各种水体构成的景观环境，研究对象为景观特征，因水体的不同而有所变化。水体包括自然形成的溪流、江河、瀑布、湖泊、泉水等，也包括人工建造的水体水塘、水库、水井、水池、水井、喷泉等其他水景。研究内容包括与水关联的构筑物，包括水边栈道、驳岸、汀步、桥梁等，其中驳岸的设计形态受水体的影响较大。

二、乡村滨水设计原则

1. 生态原则

生态原则既要满足乡村滨水空间的使用功能，又要恢复其自然生态特征。通过增加景观的差异性，保护生态多样性，从而构建乡村水景生态廊道，实现可持续发展。

尊重河道及滨水区域原有的自然生态系统，以保护和修复河流原有的生态系统结构和功能为前提，恢复完善滩地、边坡、两侧绿地的生态环境，建立和谐的人与水、乡村与水的关系，在村庄建设和生态保护之间实现动态平衡。

2. 整体原则

滨水是一个复杂的系统，很多因素的改变都能影响到景观形态。因此，在进行景观设计时，应从整体角度出发，以系统的观点进行全方位的考虑，如控制水土流失、调配水资源使用、水利工程、综合治理环境污染。解决这些问题是乡村滨水景观设计的基本保障。

以流域为单元，结合美好乡村建设、乡村振兴战略实施、乡村人居环境整治等项目，衔接区域总体规划、城乡规划、旅游规划、园林规划等上位规划，充分考虑地方历史人文资源、景观特色，统筹山水林田草，协调水域陆域，开展系统性治理。

3. 自然美学原则

与城市水景相比，乡村滨水景观具有更高的自然美学价值。因此设计需结合周边自然环境，以河流为主干，串联河道两岸生态景观节点和村镇，加强各"点"之间联系与组合。协调村庄的功能、风貌，使线性的河岸空间、点状的节点空间、面状的村镇空间共同组成完整协调的统一体，最终实现整体区域的协调统筹联动发展。景观形态上应该保持水系的自然形态；植物选择上既要考虑植物的喜水特性又要满足造景的需要；材料上应该以当地材料为主，与周边环境协调统一。[①]

三、乡村滨水景观设计

1. 乡村河流、溪流滨水景观

乡村河流、溪流滨水景观是乡村滨水景观中最常见的类型，是以河流、小溪流等线状水域为中心，与周边环境共同构成的景观。其特点是水体自然流动、蜿蜒曲折，岸线较长且多变，两岸地形地貌、植被、小品等元素丰富多样。该类型滨水景观通常具有较好的生态价值，可以为人们提供休闲、观光、娱乐等多种功能。在设计时，应充分考虑河流的自然形态和水位、水流变化，注重保留或恢复河道的乡土植被等生态资源，构建生态缓冲带，同时注重结合当地的文化特色，营造具有乡土气息的景观。根据水流分析结果，设计河道、溪流的水体形态，如弯曲、宽窄变化、深度变化等；结合水体形态设计各类型水景元素，丰富景观效果；根据动线需求设置桥梁，多考虑木质、石材等乡土材料桥梁。

2. 乡村湖泊、池塘滨水景观

乡村湖泊型滨水景观是以湖泊为中心，与周边环境共同构成的景观。湖泊型滨水景观通常具有开阔的水面和较为平缓的岸线，是乡村旅游、休闲观光的重要场所。在设计时，应注重保护湖泊的生态环境，利用开阔的水面进行设计布局，在周围可以设置环湖步道、观景平台等。生态湿地景观设计时应充分考虑到生态链的建立，应以生态保护为设计前提，结合科普、研究活动开展有序的开发建设活动。

3. 水库型滨水景观

水库型滨水景观是以水库为中心，与周边环境共同构成的景观。水库型滨水景观通常具有较大的水面和较为平缓的岸线，同时还有大坝、溢洪道等水利设施。在设计时，应注重保护水库的生态环境和水利设施的安全。

4. 涌泉型滨水景观

涌泉型滨水景观是以地下涌泉或人工喷泉为中心，与周边环境共同构成的景观。涌泉型滨水景观通常具有清澈的水质和不断变化的动态效果，可提供较好的景观。

① 张立勇. 水系连通及水美乡村建设景观人文设计实践[J]. 绿色科技，2023，25（9）：13-17.

在设计时，应结合亲水步道、平台增强游客的参与感。

以上是对乡村滨水景观的分类和特点的概括介绍。在实际规划设计中，应根据具体情况进行选择和调整，综合考虑自然环境、文化特色、功能需求等多个方面因素，创造出兼具乡土气息和生态价值的乡村滨水景观。

四、乡村驳岸景观设计

驳岸景观设计在乡村中是一个重要的环节，它涉及水陆之间的生态、景观和功能关系。

1. 驳岸设计要点

生态性：驳岸设计应尊重自然，保护生态环境，尽可能减少对原有生态环境的干扰。

安全性：驳岸设计应保证游客的安全，避免因设计不当而产生安全隐患。

功能性：驳岸设计应满足水体的基本功能，如防洪、抗涝、蓄水等，同时也要考虑人们的休闲需求。

景观性：驳岸设计应与周围环境相协调，打造优美的景观，提升整体的美感。

2. 驳岸设计的方法

自然原型驳岸：利用自然地形地貌，通过植被、石材等自然元素的搭配，营造出自然、生态的驳岸景观。这种方法适用于坡度缓、腹地大的岸线。

自然型驳岸：在原有驳岸的基础上进行加固处理，采用石材、混凝土等材料，通过结构与自然的结合，实现稳定、安全的驳岸景观。这种方法适用于坡度陡、腹地小的岸线（图 6-10）。

斜坡式挡墙驳岸：采用斜坡式挡墙，通过绿化种植、景观石等元素，营造出自然、生态的驳岸景观。这种方法适用于河岸线较直、荷载较小的岸线。

台阶式驳岸：采用台阶式结构，通过与亲水平台的结合，营造出亲水性较强的驳岸景观。这种方法适用于需要满足人们亲水需求的岸线。

图6-10 自然型驳岸

3. 乡村景观中驳岸设计有其特殊性，要注意以下几点

尊重乡村文化：乡村中的驳岸设计应尊重当地的文化传统和历史背景，避免与当地文化相冲突。

保护乡村生态环境：乡村中的驳岸设计应注重保护当地的生态环境，尽可能减少对自然环境的破坏。

体现乡村特色：乡村中的驳岸设计应体现当地的特色，与当地的风土人情、自然景观相协调。

考虑乡村经济条件：乡村中的驳岸设计应考虑当地的经济条件，尽可能选择经济实惠、易于维护的材料和方案。

满足村民需求：乡村中的驳岸设计应满足村民的需求，提供安全、实用的功能的同时，也要考虑村民的审美和休闲需求。

第六节　乡村公共设施及景观小品设计

一、乡村公共设施设计

1. 乡村公共设施的基本概念

乡村公共设施设计是指在乡村地区，为了满足农民和农村社区的生产、生活和文化需求，而规划、设计和建设的公共服务设施。这些设施涵盖了农业生产性基础设施、农业生活性基础设施、生态环境建设和农村社会发展基础设施等多个方面。具体来说，乡村公共设施的设计应尊重乡村肌理，融合新旧建筑，以释放公共聚集的丰富生活内涵，用公共空间联结内外交流，留住并放大乡间的浓厚生活气息。

在新型城镇化和农村现代化的影响下，传统农业社会的重要公共空间，如水井旁、大树下、晒谷场等逐渐衰落和消失。因此，未来乡村公共空间需要具备城镇特点的功能复合化和公共活动类型多样化。此外，对于地处贫困区域或多民族聚集的乡村，公共设施设计还需要考虑到当地的特殊环境和文化背景。

2. 乡村公共设施的设计内容

乡村公共设施的内容主要包括建筑和景观环境中的信息设施、卫生设施、照明设施、安全设施、交通设施、无障碍环境设施等。具体设计内容有以下几点。

（1）信息设施：包含道路标识、方位游览图、信息栏、广告牌、扩音器、时钟、信报箱等。

（2）卫生设施：包含垃圾箱、烟蒂筒、饮水器、洗手器、公共厕所等。

（3）服务设施：包含室外桌椅、遮阳伞、游乐器械、健身器械、休息廊、售货亭、自动售卖机等。

（4）照明设施：包含室外道路灯具、景观装饰照明、建筑外观照明等。

（5）安全设施：包含消火栓、火灾报警器、灭火器等。

（6）交通设施：包含公交汽车站牌、候车亭、路障、防护栏、反光镜、信号灯、电动车棚等。

3. 乡村公共设施的设计原则

（1）统筹安排，合理布局

乡村公共服务设施规划应考虑城乡发展，依据乡村具体情况进行统筹安排和合理布局。在设计过程中，应兼顾服务人口的需求，根据当地经济社会发展水平，以及社会各种因素构成的使用要求进行配置。

（2）以功能性为设计的基础

公共设施设计首先要满足功能要求，以人为本，考虑到当地居民的需求和使用习惯，确保设施能够满足实际需求。首先设施设计需要强调性能可靠、构造合理、精度优良。其次在使用上应具有便携性和安全性，具有良好的人机关系。

（3）用形式美法则指导设计

乡村服务设施应运用美学中对称均衡、协调对比、变化统一、比例节奏等方法，以创新和美观的形式美法则，增加服务设施的美学价值，使人们更好地去欣赏乡村的美好。服务设施应尽可能地融入自然环境中，与周围的山水、植被等元素相互协调，形成一种自然和谐的美感。避免过多的装饰和复杂的结构，以便于日后使用和维护。

二、乡村导视系统设计

1. 乡村导视系统的基本概念

乡村导视系统可以统筹乡村中需要展示的信息，通过视觉传达设计帮助人们更好地了解和认知乡村的环境与文化特色。其内容不仅包括乡村中需要公共展示的信息栏、地图、标志、路牌等基本元素，还涉及较为复杂的视觉信息，如色彩、形状、材质等。它对建立乡村意象，传达乡村文化理念，弘扬乡村文化有着重要的作用。

2. 乡村导视系统的设计原则

（1）整体性

乡村导视系统应与整个乡村环境相协调，共同形成统一的风格和氛围。设计师需要深入了解当地的文化、历史、地理等特点，将这些元素融入导视系统中。在设计过程中因地制宜，优先选用本土的材料和技术，使设计既美观又具有品质感。同时，乡村中历史景观遗存、非物质文化遗产等也是可挖掘的设计元素，可突出乡村特色。

（2）简洁明了，易读易懂

导视系统的信息表达应简洁明了。同时，导视牌的布局要合理，方便游客快速找到所需要的信息。导视系统的文字、图形和符号应易于理解和识别，避免使用生僻字或难以理解的图形。此外，导视牌的字体大小、颜色和材质也应考虑到不同年龄和文化背景的游客需求进行设计。

（3）可持续性

乡村导视系统也应体现出乡村独特的生态属性和文化内涵。在设计过程中，应尽量选择环保、可循环利用的材料和技术。例如，可以使用原木、竹、石材、陶艺等本地可循环材料，可反映出当地的原生态特点。同时，导视系统的维护和管理也应注重可持续性，确保其长期有效运行。

（4）创新性

乡村导视系统的设计应具有一定的创新性，以吸引游客的注意力。设计师可以尝试运用新的设计理念和技术手段，如数字化、智能化等，提升导视系统的功能性和趣味性。

3. 乡村导视系统的设计方法

（1）调研分析

深入了解乡村的文化、历史、地理等特点，收集相关数据和资料，为设计提供依据。

（2）确定目标

明确导视系统的功能需求和设计目标，如引导游客、展示乡村特色等。

（3）方案设计

根据调研结果和设计目标，提出多个设计方案，并进行比较和优化。明确视觉识别的基本要素，包括标志、标准字、标准色、辅助图形等。

（4）制作实施

将选定的设计方案付诸实践，制作导视牌、地图等实物，并安装到合适的位置。

（5）评估反馈

对导视系统的使用效果进行评估，收集游客和管理者的意见和建议，不断改进和完善。

三、乡村公共艺术设计

1. 乡村公共艺术的基本概念

乡村公共艺术是一种艺术介入乡村建设的方式。通过设置具有文化性和美学的艺术作品、构筑物等，提升乡村环境品质和社会价值，展现乡村人文精神和文化风貌。这种艺术形式在改造乡村环境风貌、提升乡村公共文化服务能力等方面发挥着重要作用。乡村公共艺术包含壁画、雕塑、大地艺术、装置艺术、行为艺术等。这些作品通常由艺术家、设计师与当地村民合作完成，旨在反映当地的文化特色和历史背景，同时也为当地居民提供了文化交流机会，有利于推动乡村的社会经济发展和文化振兴。

2. 乡村公共艺术的设计原则

（1）公共性

公共艺术作品应设置在开放的场所，具有公民的、共同的、社会的和开放的特质。

（2）融合性

乡村公共艺术应充分体现当地的文化特色和历史背景，与当地的自然环境和社会环境相协调。设计师需要深入了解当地的文化、历史、地理等特点，将这些元素融入设计中。作品主题宜围绕乡村展开，以艺术的形式呈现。

（3）互动性

乡村公共艺术应注重与当地居民的互动，以增强当地居民的文化认同感，唤起人们对乡村的情感表达和体验感，同时可提高人们对艺术的欣赏能力和审美水平。

（4）可持续性

在设计过程中，应尽量选择环保、可循环利用的材料和技术。同时，公共艺术作品的维护和管理也应注重可持续性，确保其长期展示。

（5）创新性

乡村公共艺术的设计应具有创新性，以吸引人们的注意力，从而提升公共艺术作品的功能性和趣味性，实现乡村文化的传播作用。

3. 乡村公共艺术的设计方法

（1）调研分析

深入调研乡村文化、历史、地理等基本情况，收集相关数据和资料进行研究，以便为设计提供灵感和依据。

（2）确定目标

明确公共艺术作品的主题和目标，如提升乡村环境美感、促进当地文化传承等。

（3）收集素材和创意

收集各种与主题相关的素材，如图片、文字、音乐等。进行头脑风暴，激发创意思维，产生独特的设计理念，进行初步的构思和草图绘制。

（4）方案设计和细化

根据调研结果和设计目标，提出多个设计方案，并进行比较和优化。在这个阶段，设计师需要充分考虑当地的自然环境、社会环境和文化特色等因素。完善设计方案，包括作品的结构、材料、尺寸等方面。充分考虑作品的实际可行性和安全性。

（5）制作、安装和维护

将选定的设计方案付诸实践，制作公共艺术作品，并安装到合适的位置。制定相应的维护计划，确保作品能够长期保持良好的状态。

第七节　乡村植物景观设计

乡村植物景观是自然环境和人类活动共同作用下所形成的。乡村丰富多样的生态环境为植物生长提供了多样化的生境，长期以来形成了具有地域特色的自然植被群落，即乡村环境所特有的乡土植物景观。同时，植物也是乡村重要的经济和生活来源，农田、茶园、果园等在乡村景观中占有重要地位，它们构成了乡村风貌所特有的肌理。

一、乡村植物景观的基本概念

乡村植物特指乡土植物，是构成乡村风貌的基本要素之一，是指本地区原产或经过引种驯化已经完全适应本地区的生态环境、生长良好的植物种群，其自然分布、自然演替是经过长期的淘汰和自然选择的结果，是对某一特定地区有高度生态适应性的自然植物区系成分[①]。乡土植物能适应当地的自然环境，其抗病虫、抵御自然灾害的能力比较强，具有较强的生命力。同时，乡土植物还是乡村景观中展现历史文化底蕴的重要元素。它们与当地居民的生活紧密相连，共同塑造出具有本地文化特色的景观格局。乡土植物是乡土文化、乡土情结和风俗风貌的再现和表达，对传承和弘扬地方文化具有重要意义。与城市植物相比，乡土植物更具乡土性、自然性、经济性和文化性。

乡村植物景观是由乡村中不同种类的乔木、灌木、藤本和草本植物所共同构成的景观，是以乡村自然分布的植被为基础，经过人工种植，形成满足村民生产、生活、

---

① 盛豪. 乡土植物在乡村景观营造中的应用研究——以安徽省肥西县铭传乡为例 [D]. 杭州：浙江农林大学，2020.

生态多元化需求的植物景观。乡村植物景观包括自然植物景观和人工植物景观两大类。自然植物景观主要指在自然环境下演替形成的具有地域特色的自然植被群落景观，主要由当地自然分布的乡土植物组成，这种植物景观类型具有稳定的群落结构，一般能够很好地适应当地的自然环境，抗逆性强，植物生长旺盛。而人工植物景观主要指生产用地内植物景观和村内绿化植物景观，它们与村民日常生产、生活的关系最为密切，详见表 6-1 所示。

乡村植物景观分类　　　　　　　　　　　　　　　　　　表 6-1

植物景观类型	界定原则
自然植物景观	村中自然分布的植被景观
人工植物景观	生产用地植物景观：果林、苗圃、农田等具生产性功能区域的植物景观
	村内绿化植物景观：主要包括居民点内部和包括街巷、广场、水系等在内的村落公共区域配置的植物景观

二、乡村植物景观的功能

乡村植物景观对于乡村的生态环境改善、经济发展和文化传承等方面都具有重要意义。合理的植物景观设计能够改善乡村人居环境，提高生态系统的稳定性。同时，景致宜人、文化底蕴丰厚的植物景观能够塑造乡村特色，吸引游客，促进乡村旅游业的发展，为乡村经济注入活力。

1. 生态功能

植物作为乡村生态系统中的重要组成部分，发挥多种生态功能，包括净化空气、涵养水源、气候调节、水土保持、生物多样性保护等。合理的乡村植物景观设计能够创造可持续发展的乡村生态系统，对于稳定和调节乡村整体的生态环境起着至关重要的作用。例如，乡村湿地是重要的生态系统，湿地植物景观可以净化水质、吸收有害物质、丰富滨水空间的生物多样性。乡村山林植物景观可以净化空气、调节气候，还有助于水土保持、减少水土流失。此外还能为野生动物提供栖息地，提高物种的多样性。

2. 生活功能

在乡村中，植物景观对于村民的物质生活和精神生活方面都发挥着重要的作用。通过乡村植物景观的建设，可以有效地改善村落的整体景观风貌，创造出风景优美、宜居宜业的乡村居住环境，提高村民的生活环境质量。同时，植物是乡村文化的一部分，积淀着丰富的地域文化内涵。乡村植物景观可以作为乡村传统文化和历史的重要载体，与村民在情感上产生共鸣，有助于传承和弘扬乡村文化。例如乡村中的古树名木承载了乡村的历史和村民的记忆，更是一种乡村文化精神的象征。

3. 生产功能

乡村植物具有丰富的生产功能，对于农业生产和乡村经济发展具有重要意义，谷物、蔬菜等农作物，茶叶、棉花、水果等经济作物，杜仲、红豆杉、厚朴等药用植物，杉木、毛竹等林木，都是乡村中常见的具有生产功能的植物。合理地利用功能性乡村植物资源营造景观，不仅能够提升乡村植物景观的特色，还能促进农民增收和乡村经济的发展。

三、乡村植物景观设计的原则

乡村植物景观设计应在尊重原有的植物风貌的基础上，结合周围环境合理地配置不同类型的植物来完善植物景观的空间结构，丰富植物景观的形态、色彩、季相和层次变化，强化植物景观的地域特色。在进行乡村植物景观设计时，可遵循以下基本原则。

1. 生态性原则

生态性原则是乡村植物景观设计的首要原则。在设计中应尊重自然、保护生态，尽可能减少对自然环境的破坏和干扰。具体来说，应尊重原生植被并保护当地珍贵的植物资源，如古树名木。同时，遵循生态学原理，注重保护乡土植物的多样性。设计时坚持适地适树的原则，以原有的村落自然植被群落结构为基础，常绿与落叶相结合，针叶与阔叶合理混交，速生与慢生兼顾，乔、灌、草搭配，陆生、水生相结合，林相色彩和谐，构建层次丰富、功能完善、稳固的植物生态群落结构，最大程度上实现植物景观的生态效益。

2. 地域性原则

由于地理位置不同，气候、土壤等诸多因素的影响，乡土植物的分布具有一定的地域性。因此，在植物配置上多采用乡土植物，既保护本土植物种质资源，同时增强植物景观的地域辨识度。同时，乡村间历史文化、风俗习惯、信仰、经济等方面的差异也是乡村植物景观各不相同的一个重要原因。在营造乡村植物景观时，应充分挖掘当地的历史文化资源，选择具有地域历史文化内涵的乡土植物及配置形式，营造富有地方风貌特色的植物景观，以延续乡土文化、保持乡村的独特性。

3. 经济性原则

乡村植物景观设计经济性原则主要表现以下两个方面。首先，提高种植植物品种的经济效益。除了观赏价值，乡村植物景观还应考虑兼具较高的经济和实用价值，以满足村民的生产和生活需求，合理配置具有生产功能的植物，如可以食用的油菜、豌豆、苋菜、荠菜、茭白等，具有药用价值的枇杷、野菊、车前草、蒲公英等，集观赏、食用于一体的梨、桃、杏、石榴等。其次，降低乡村植物景观的建设和后期养护管理成本。植物景观营造以抗性强、适应性好、病虫害少、管理粗放的乡土植物为主，慎用外来植物和名贵树种，以提高成活率、降低养护成本。

4. 文化性原则

植物与乡村居民的生活生产密切相关，随着漫长的历史发展，乡土植物逐渐与各地乡村文化交织融合形成了独特的植物文化，如药用植物种植所形成的中草药文化，与果蔬种植相关的饮食文化，风水文化中强调植物景观对村居环境的影响等。乡土植物所蕴含的地域文化植根于乡村环境的沃土中，是乡土文化的重要表征。在乡村植物景观设计中应注重传承和弘扬乡土文化，将传统文化元素融入设计中。可以选用具有文化象征意义的植物种类或配置方式，通过植物质感和形态的表现传达出特定的文化信息，如竹子"高风亮节"、石榴"多子多福"、橘子"大吉大利"、柿子"事事如意"、海棠"金玉满堂"、梅花"鸿运当头"、香椿"护宅及长寿"等。通过这些植物的配置，来传达美好寓意，烘托和谐美满的乡村环境氛围。

5. 多样性原则

乡村乡土植物资源丰富，是构成生物多样性的重要元素。在植物设计时应注重多样性原则，充分利用当地的乡土植物品种进行更新和补充，注重品种的多样化，尽力打造植物种类丰富、景观形式多样、空间布局合理的植物空间，以更好地保护乡村环境的生物多样性和生态稳定性。

6. 艺术性原则

植物作为唯一具有生命的软景观要素，植物的美不仅体现在色彩、质感、姿态、香味等方面，植物的季相变化更是展现了大自然的美丽和生命的魅力，给人们带来了愉悦、希望和宁静的感觉。乡村植物景观设计时应充分地考虑乡村植物的观赏特性，合理配置不同体量、形态、肌理、色彩和季相的植物，并使之与山水、建筑、小品等其他景观要素有机结合，营造出具有一定艺术观赏效果的乡村景观，以满足人们的审美需求。

四、乡村景观配置的植物类型

乡村植物景观设计植物选择以原生的乡土植物为基础，再进行更新补充。根据园林用途，可将乡村景观配置的植物分为以下类型：

林荫木类植物：这类植物通常树形高大，能提供良好的遮阴效果，如乌桕、朴树、三角枫、五角枫、香椿、麻栎、苦槠、枫香、榉树、黄连木等。在乡村道路两侧或休闲空间中，林荫木是营造宜人环境的重要元素。

花木类植物：这类植物以其鲜艳的花朵吸引人们的目光，如玉兰、海棠、梅花、梨花、桃花、山茶、杜鹃、月季等，观花植物可以作为焦点或引导视线的设计元素，为乡村景观增添色彩。

果木类植物：这类植物以其奇特的果实吸引人们，如杨梅、石榴、苹果、梨、桃、柿、橘、香橼等。观果植物不仅具有观赏价值，还有一定的经济价值，适合配置于乡村庭院、公共空间和生态果园中，可营造出闲适的乡村田园气息。

观赏竹类：竹子因其挺拔的身姿和独特的韵味深受人们喜爱，在乡村景观中，早园竹、刚竹、紫竹、金镶玉竹等可以用于围合空间，可丰富空间层次或者和其他植物组景成为视觉焦点。

藤本类植物：这类植物一般茎干细长，不能直立，只能依附别的植物或支持物（如树、墙等），是缠绕或攀缘向上生长的植物，一般可用于乡村棚架、墙面的绿化，如金银花、凌霄、藤本月季、紫藤、爬墙虎、油麻藤、薜荔等。

药用类植物：这类植物含有丰富的药用价值，如薄荷、臭牡丹、菊花、紫苏、红豆杉、杜仲、厚朴等。在乡村环境设计中，药用植物可以与其他植物搭配，形成兼具观赏和保健功能的绿地。

地被类：这类植物覆盖能力强，有助于保持水土和丰富地面覆盖层次，如络石、扶芳藤、紫云英、箬竹、野菊、活血丹、蛇莓、黄花菜、紫花苜蓿、鱼腥草等。在地势起伏较大的乡村地区，选择适应性强、管理粗放的地被植物对维护乡村生态环境至关重要。

水生植物类：水生植物适合在水中长期生长，常呈现出迷人的外观和多样的形态，赋予乡村水域以生机和美感。同时，它们在生态系统中具有重要的功能和价值，对乡村水域生态环境的健康起着至关重要的作用。根据生活方式的不同，可将水生植物大致分成挺水植物、浮叶植物、沉水植物。常用的挺水植物有菖蒲、千屈菜、水芹、慈姑、鸢尾、美人蕉、荷花、灯芯草、水葱、蒲苇、芦苇、香蒲、红蓼等，常用的浮叶植物有芡实、莼菜、空心莲子草、荇菜等，常用的沉水植物有黑藻、金鱼藻、苦草、狐尾藻、眼子菜、水车前等。

五、乡村植物景观设计的方法

乡村植物景观整体风貌是由自然、质朴的乡土植物所形成的，多以自然式组合形式呈现，或三五成丛，或群植，看似自然随意，却有着稳定、可持续的生态结构。在乡村植物景观设计时，应在原生植被的基底上进行更新，以乡土植物作为主要的植物材料，配置形式上以自然式的栽植形式为主，达到"虽有人作，宛自天开"的艺术效果，以保护和延续乡村植物景观的自然风貌。

乡村植物景观设计应根据不同用地的功能特点和空间需求来营造不同的植物景观效果，具体设计方法包括以下几个方面。

1. 庭院植物景观设计

庭院是日常村民生产生活关系最为紧密的区域，也是展示乡村风貌，营造乡土田园风光的重要场所。乡村庭院一般绿地面积较小且较为分散，可运用具有生产性和观赏性小乔木、花灌木为主要植物材料合理搭配，营造出乡村特有闲适、悠然的田园气息。需要注意栽植果树的规格和位置，不能对住宅的通风和采光造成不利的影响。庭院中还可以种植时令蔬菜和中药植物，应注重植物品种的色彩和栽植形式，既可美化住宅环境，又能为村民食用和使用提供方便。空间较小的庭院可以种植攀缘类植物进行垂直绿化，如栽种爬墙虎、凌霄、蔷薇、葡萄、猕猴桃等植物，让庭院内的植物景观延伸至院外，与院外自然环境融为一体。在庭院的一些视觉焦点处可以种植观赏性好、易管理的花木，如蜡梅、山茶、海棠、石榴、梅花、月季等。

2. 道路植物景观设计

道路是乡村景观发展的脉络，可将乡村的各景观要素进行组织和联系，形成连续的景观序列。道路不单承载着简单的交通疏导、组织空间的功能，更是一个村落整体景观展现的重要组成部分。乡村道路绿地通常环境恶劣，土壤贫瘠，乡村道路植物景观设计可选择根系发达、耐贫瘠、抗性强的乡土植物，根据道路要求和两侧用地状况，综合考虑植物的品种和搭配形式，充分地发挥植物景观的功能性和艺术效果。路面较宽、两侧有充足的绿化空间的主路可种植水杉、杨树等高大落叶乔木阵列种植，增强道路景观的韵律感和观赏性，同时达到夏有树荫，冬有阳光的效果。在乡村主路的两侧都是农田时，应避免群落式配置带来的封闭感，宜采用通透性强的乔木配合乡土野花杂草的种植方式，可以更好地提升乡村道路的自然野趣，展现田园的自然风光。若道路一侧临水，可在乔木层下面增加高度适宜、枝叶浓密的灌木丛或整形绿篱作软质围墙，以增强绿化带的安全防护功能。若道路两侧紧邻住宅，应注意植物的高度和配置形式，既利于住宅私密性的保护，同时不影响室内的通风和采光。路面较窄或绿化空间小的乡村次路或小道，可选择乡土小乔木、灌木或者野生草花进行绿化，建议根据场地的实际情况灵活地选用植物配置的形式。

3. 公共绿地植物景观设计

乡村公共绿地是村民文化娱乐和社交互动的重要场所，和村民的日常生活联系紧密，是乡村中使用率较高的绿地类型。乡村公共绿地是展示乡村风貌，塑造乡村特色的重要场所，合理规划建设公共绿地对提升村民的生活品质、增进村民的幸福感和归属感、促进乡村全面发展等方面具有重要的意义。

乡村公共绿地植物景观可以着重从植物的观赏性、文化、教育等方面进行考虑。首先是突出植物的观赏性，通过合理配置观花、观叶、芳香类的植物丰富植物的空间层次和季相变化，给人带来美好的景致和享受。同时，为了增加公共休闲空间的文化内涵，可以适当一些配置具有当地文化内涵或美好寓意的乡土植物，达到创造情境和科普的作用。

一般村口植物景观营造，往往是选择树姿优美的高大乔木孤植或者搭配其他花木自然式丛植强调入口标识，起到引导游客进入的作用。小广场、游园等公共空间，是人们集聚在一起交流情感的场所，可配置一些在形态或色彩上观赏价值较高的植物，增加植物景观的艺术韵味。在一些休憩的场所可以通过孤植大树，增强村民凝聚力，重塑公共空间的乡愁记忆，实现村民共情。宅旁、边角地等空间可以种植蔬菜瓜果或绿化植物，可开展小微花园建设。如衢州市龙游县溪口村的"一米菜园"建设，在村内集中设置了由多个不同品种农作物组成的种植区域，日常由当地村民打理，假日旅游期间成为游客劳动和游玩采摘的小菜园。"一米菜园"盘活乡村零星空地，打造了独具乡村魅力的公共空间植物景观，提高了当地村民的经济收入，促进了农村增收。

4. 滨水植物景观设计

乡村滨水植物景观应采用自然式绿化设计，突出自然野趣的特点，结合水岸线疏密有致、高低错落地配置植物，营造出"诗情画意"的景观效果。除了兼顾形式美，应更注重环境的生态保护，遵循原生自然滨水植被群落的结构，以发挥滨水区的正常生态功能。同时，尽可能地营造多样化的生境，为鸟类、鱼类等动物建立野生生物栖息地，以期获得较高的生态效益。

在设计时针对保留溪流河道的自然驳岸，可根据景观营造的要求适当地补充观赏性高的滨水乔木，如落羽杉、水杉、水松、枫杨、榔榆、池杉、乌桕、垂柳等，通过这些乔木植物形成滨水区自然优美的林冠线。滨水观赏区可以强调植物群体的季相色彩和整体的艺术构图，散植枝叶舒展、树形优美的观花灌木，如梅、桃、杏、梨、木芙蓉等，沿岸植物的水中倒影可以丰富水陆交接绿地的植物景观效果。水生植物能体现野趣，根据植物的习性、水深要求，可适当地种植挺水植物、浮水植物和沉水植物等，可以增强水岸沿线和水面的景观效果，同时构建群落丰富的湿地生态系统，更好地保护滨水区域的生物多样性。

5. 生产性植物景观设计

（1）农田景观

农田景观是乡村地区独有的农业生产性景观，是乡村大自然的美景与村民的生产活动有机融合的产物，展现了各具特色的乡村风貌和文化传统，如南方鱼水之乡的鱼塘景观、东北平原的高粱农田景观、华北平原的小麦玉米农田景观、云贵山区的梯田景观等。浙江绍兴上虞覆卮山北坡，拥有至少五百多年历史的二万三千多块大小不等的梯田二千三百多亩，每一块梯田都由第四纪冰川遗迹——"石冰川"中的岩块砌筑而成。覆卮山景区的"千年梯田"极目远眺，从山腰铺泻而下，从山脚叠层而上，构成一幅江南罕见的壮丽图画。

农田景观以农业生产为基础，在农作物选择上应注重乡土植物的运用。除了经济功能外，还应考虑植物的色彩、形态、芳香等美学特征，打造出丰富多彩的农田植物景观，可选择黄花菜、地肤、紫苏、万寿菊、羽衣甘蓝等可食用或有经济价值的植物营造农田景观。为了营造时序连续和多样化的植物景观，可以根据不同植物间的季相变化合理地进行配置，如将药材、花卉与水稻等农作物进行轮作或者间植的模式，实现时效和土地资源的充分利用。彩色农田是目前乡村常见的农田景观，给人一种极强的视觉体验。通过在农田中种植彩色水稻和油菜形成色彩斑斓、风格独特的乡村大地景观艺术，大大地增强了农田的观赏性与趣味性，给人们带来全新的感官体验。农田景观承载着丰富的乡土文化和历史记忆，在设计时还应深入挖掘当地的文化资源，可以结合田间的景观小品将传统文化元素融入景观设计中，增强农田景观的视觉效果和文化内涵。

（2）林果园地

林果园地是农业景观的重要组成部分。近年各地掀起了乡村生态休闲旅游的热潮，林果园已由原先单一的农业生产绿地向游憩型绿地方向发展，成为深受大众喜爱的一种乡村旅游形式。林果园地景观设计旨在通过科学合理的规划布局和艺术化的设计手法，提升林果园地的环境的品质和效益，挖掘多元化的经济价值，打造集生态保护、农业生产、旅游观光、低碳康养、科普教育于一体的综合性乡村旅游园区。

林果园地景观是由不同果树形成的专类园，应遵循因地制宜，适地适树，与本地历史文化相结合，突出地域特色的原则。在果树选择上，应注重乡土树种和特色树种的运用，同时考虑植物的季相变化和生态效益，打造出丰富多彩的植物景观。

观赏果树品种众多、形态各异，在景观营造时既要注重个体观赏美，更要兼顾到群体的景观效果。在满足优质果品生产的同时，可以通过一定的艺术手法将不同形态的果树进行组景，构成多层次的绿色复合空间。在果树品种的搭配上应兼顾果树景观的四季变化，做到春赏花、夏观叶、秋品果、冬看姿。此外，还可以通过嫁接、修剪等的园艺技术手段对果树进行整形修剪，既实现果树的优质高产，又能达到园林艺术造型的目的。

复习与思考

1. 谈谈乡村景观与城市景观最大的区别在哪里。

2. 乡村景观中植物设计的原则是什么？

3. 谈谈你认为应该如何处理好生态保护和乡村景观设计之间的关系。

课堂实训

根据乡村需求，完成一个乡村景观设计方案。

第七章

新乡土建筑及室内设计

本章概述

本章节主要讲授乡村建设中的新乡土建筑以及乡村的室内空间设计。新乡土建筑是在传统乡土建筑的基础上，由于现代需求、生活水平以及乡村功能发生变化等情况下发展出的建筑类型，是传统乡土建筑和现代设计相互融合的产物。它更适合当代人的需求，也符合当代乡村发展的方向。乡村公共建筑大多体量不大，建筑和室内设计有机地结合在了一起，可以更好解决乡村需求，促进乡村发展，提高生活水平。

学习要点及目标

1. 理解新乡土建筑的特点。

2. 掌握乡村公共空间室内设计的方法。

核心概念

新乡土建筑、乡村公共建筑

课程思政内容及融入点

深入了解村民的需求、乡村产业变化的需求，从而更好地理解乡村、服务于乡村。通过对乡土材料、乡村建筑的了解，学习传统建筑材料及工艺，特别是对一些非遗技艺进行了解和学习，使学生更具民族传统文化知识内涵，有利于传承精湛工艺技艺。

第一节　新乡土建筑概述

一、新乡土建筑基本特点及设计原则

1. 新乡土建筑理念的由来

建筑是人居环境主要的组成部分，对人的影响最直接。乡村建筑是农民赖以生活、生存的空间。传统的乡村建筑是农民自发建设的，主要是为了解决基本的生活、工作需求。乡村建筑在建筑领域称为乡土建筑，罗.奥立佛在《世界乡土建筑百科全书》中指出了"乡土建筑"是本土的、自发的、民间的（即非官方的）、传统的、乡村的等。当代乡村有了较大的变化，传统的乡土建筑已经不能完全满足需求，在设计师介入乡村环境设计后，面对乡村建筑的需求，在解决基本功能需求的同时，更应体现地域特色、传播文化、保护生态环境的特征，"新乡土建筑"应运而生。

追溯新乡土建筑这一理念的由来，较早由土耳其建筑师苏哈·奥兹坎在其文章《引言：现代主义中地域主义》中通过对比的方式进行了讨论，即将乡土主义与现代地域主义进行区分对比。其中，乡土主义又可以有"保守式"和"意译式"两种发展趋势，而意译式的乡土主义便可以理解为新乡土主义。保守式的乡土主义主要是对传统材料、技术、形式的沿袭和继承，而新乡土主义运用了一些与地方性无关的技术，不再是在对过去风格的简单模仿，致力于拓展一种根植于某一特定文化的建筑传统的现代建筑语汇。另外，2001年英国学者维基·理查森在其著作《新乡土建筑》一书中对新乡土建筑的概念作进一步阐释，书中提出：新乡土建筑作为现代性与传统性的统一体，更多的是对传统的形式、材料和建构技术作出新的诠释，而不仅限于修正。在我国，清华大学建筑学院单军教授于2000年在《批判的地区主义批判及其他》一文中，认为新乡土建筑或者乡土主义建筑，是指那些由当代的建筑师设计的，灵感主要来源于传统乡土建筑的新建筑，是对传统乡土方言的现代再阐述。

新乡土建筑这一理念是时代发展的产物，对其进行实践的人甚至可以追溯至现代主义的先驱，威廉·莫里斯设计的私宅——红屋，他用超前的设计眼光在19世纪践行着现代设计的一些早期理念，这本身就是一种传统与现代的融合。或者说，这种建筑理念的提出者或最早的践行者并没有一个明确的个人，而是多个建筑师和学者共同推动的结果。尤其在近现代，这些建筑师和学者关注地方文化、传统技艺和可持续性，试图在现代建筑设计中融入这些元素，以回应在20世纪中叶已经普遍形成的国际主义建筑风格。回望历史我们发现，每一块土地上都孕育了独特的建筑语言。无论是中国的四合院，还是欧洲的石砌小屋，抑或是非洲的圆顶茅屋，它们都是地域文化与自然环境完美融合的产物。这些建筑不仅是遮风避雨的场所，它们同时承

载着世代居民的生活智慧，是社区精神的物质载体。然而，随着现代化的步伐加快，许多传统的乡土建筑被无情地拆除，取而代之的是千篇一律的混凝土森林。在这样的背景下，上述新乡土建筑风格的推广者试图在尊重传统的基础上，运用现代技术和材料，创造出既符合当代生活需求又不失地域特色的建筑作品。他们不满足于简单地复制过去，而是在继承与创新之间寻找平衡。他们深入研究当地的气候、地形、文化习俗，甚至是居民的生活方式，力求在设计中体现出对这片土地深深的敬意和理解，他们的作品中，常常能够看到传统元素与现代设计的巧妙结合，既有历史的厚重感，又不失轻盈的现代感。

如今，新乡土主义建筑不仅是一种建筑风格的复兴，更是一种文化自觉的体现。它的由来是对传统乡土建筑的一种重新发现和再创造，是在现代建筑语境下对本土文化的深刻反思和致敬。

2. 新乡土建筑基本特点

新乡土建筑是对应乡土建筑而言的。乡土建筑通常被称为没有建筑师的建筑，因为它的原始、自发与土生土长的用料和内外特征，具有强烈的地方和民族特色，融入着当地居民世代的生活习性与文化基因。乡土建筑大部分为民用宅屋，满足居住和生活习俗需求，在建筑形式上也是顺应时代发展，一方面有对传统建筑的继承，另一方面运用经济耐用的材料和技术，会考虑材料的因地制宜和施工技术的传统方法运用，多以实用为主。

而与之对应的新乡土建筑，是现代建筑设计的产物，所讨论和实践的范围也指由建筑师有意识有计划地积极设计、探索，按照现代建筑设计的流程，完成有计划有组织的设计与施工活动。新乡土建筑的基本特征是，建筑师对项目所在地传统的乡土建筑文化进行深刻的理解和解读后，在设计中融合传统材料、技艺与现代科技，对传统乡土建筑进行现代诠释与展现，体现出一定的设计思维。

3. 新乡土建筑的设计原则

（1）建筑用途比以往乡土建筑增多

新乡土建筑从以前多数满足居住和习俗需求的民宅类型转变为多样化的建筑类型，包括民宿、酒店、餐厅、咖啡店等休闲空间，书店等文创空间，以及当地的游客中心、服务中心和博物馆等文化类的公共建筑。

（2）采用的建造方法和材料与以往的乡土建筑不完全相同

新乡土建筑会在尊重地方文化的基础上，将不同难度、不同方法的高、低建造技术进行灵活组合使用，比如人工与机械的结合，传统营造法式与现代建造技术并用等。在建筑和装饰材料方面，就地取材保留当地原始风格的同时，会对传统材料进行处理和改造，同时也会选取适宜、环保的现代材料结合运用。

（3）建筑形式上的表达更加综合和创新

新乡土建筑设计时，设计师会充分挖掘传统文化根源，将建筑的地域性符号与现代设计结合起来，具有时代性和创新性，既保留了地方传统文化精神和信仰，在新建筑创新的同时也强调了精神层面的认可与归属。

二、新乡土建筑的特征

1. 适应地域环境

地域环境可从自然地理环境和历史人文环境两个方面来解读。在自然地理环境方面，场所的自然环境特征直接反映在地形地貌、水体、植被等自然要素。不同的乡村所处的具体地貌特征千差万别。以浙江省为例，既有浙北地区的富饶平原，又有浙中地区起伏丘陵，更有浙南地区的崎岖山地。在新乡土建筑实践过程中，设计应避免大幅度地改造地形，对原来地形保持谨慎、谦逊的态度。例如山地形态较多地区，是乡村改造设计面临较多的复杂地形。目前设计师多采用"依山就势"的总体规划策略，通过解决建筑与山地的相接方式问题，创造出具有山地特色的建筑布局形式；又如自然景观丰富地区，在新乡土建筑实践过程中可用借景的手法，既可以借助乡村的自然风景中的水景、树景和山景等实景，也可借助风、雨的声音，阳光的照射等虚景。在选址时细致勘察，在设计时充分考虑核心景观观赏点和角度，以达到建筑与自然融合的适宜状态。

另一方面，从适应历史人文环境角度考虑。首先，乡村拥有丰富的历史景观资源，古人兴建住宅讲究"依山面水"，中国古典园林谋求"巧于因借"，那么新乡土建筑设计可以主动将建筑与已有乡村景观资源相融合，使其成为风景中的新乡土建筑，而建筑同时又点缀了风景。其次，历史人文环境更主要的是一种软环境，是该地域乡土文化、生活方式、民族特征以及审美沿袭等文化层面的心理环境营造。从外部环境到内部环境，从自然物理环境到人文心理环境，在新乡土建筑设计过程中都要把握适应地域原则，使建筑与人、建筑与环境有机融合。

2. 突出地域性原始材料并与现代材料结合

新乡土建筑选材首先突出地域性表达，例如木材、石材、竹材、砖、瓦以及夯土等可就地取材的传统原料，是乡村建设中最好的特征表达，无需更多建造形式即可表现出与现代城市截然不同的质朴和自然。但新乡土建筑又不局限于传统原始材料，设计师将新的现代材料也带入了新乡土建筑中。在选材时将传统材料与现代材料结合使用，比如传统材料与混凝土、钢材和玻璃结合使用，这种选材方法会衍生出新的建构形式，传统材料在设计时突出表现，其属性得到最大化地利用，结构与装饰实现有机统一。所以，突出地域性、结合现代性，是新乡土材料选材的特征和原则，是在尊重传统材料本身特有属性的同时，最大化地改进乡土材料性能，适应现代设计发展。

3. 凸显低技策略，高、低技术结合

在建筑学领域，刘家琨于 1997 年首次提出"低技策略"一词，认为低技是在面对现实条件中，技术与经济上扬长避短，在艺术、经济与技术中寻找一个平衡点。新乡土建筑运用低技是对传统技术和材料在当代条件下的选择继承、吸收改造与灵活重组，反映出设计师追求返璞归真的生态思想和巧妙的构造方法，是使建筑立足于地域文化和自然环境的在地建造实践。低技之于新乡土建筑的营建活动，以平民式的话语和在地式的民间智慧，融合传统营建技术原型，质朴而丰富、自然而多元。

低技不是简陋，也不是一味追求的方法。一方面，低技是继承和发扬传统技艺的体现，另一方面，设计师会将高、低技术结合，在真正充分挖掘本土地域文化、汲取传统内涵的同时，呈现新乡土建筑科学经济、自然拙朴之用心。例如，在选材后，将传统乡土材料融入现代工艺中，常见结合做法有在夯土中加入石灰、钢筋等材料加强其稳定性，优化原有建筑结构。又如木作工艺，传统榫卯连接方式的刚性较低，无法满足现代大型木构建筑在结构稳定性和造型多样性等方面的需求。现代钢木及节点是针对上述问题的一种改良做法，在材料刚度、结构稳定性等方面有所提升，其表现形式更为多样，木构造型方式也更为多样化。

三、新乡土建筑的类型

新乡土建筑可以用于各种功能的建筑，在乡村中最常见类型有以下几种。

1. 居住类建筑

这类建筑又可分为村民家庭自住和共享、客栈、民宿等形式的经营性居住。顾名思义，家庭自住建筑的用途是作为私人居住的房屋使用，也是乡土建筑的根基，以满足当地居民的生活住所需求。共享、客栈、民宿等具有经营性质的居住建筑，是随着市场需求、旅游个性化差异化发展、由当地有关部门、居民或投资者有计划实施的经营场所，相比于私人住宅建筑，属于半私密半开放式的居住类建筑，有别于规模较大的宾馆和酒店，目前基本统称为"民宿"类，已形成颇具规模的市场。

2. 文化类建筑

这类建筑集中体现为乡村文化礼堂，兼具文化平台搭建和服务功能。当今的新乡土建筑中，乡村文化礼堂更像是曾经的戏台，那曾是每个村落或部落聚居处都会搭建的一个平台，是传播文化生活的舞台，也是百姓精神生活的载体。现如今的文化礼堂更增添了综合的服务功能，不仅是党建、基层文化的沟通平台，也是服务于村民生活的重要场所。

3. 展示类建筑

新乡土建筑中的展示类建筑或展示空间主要为展示乡土文化的小型博物馆或展览厅。不同于城市中规模较大的博物馆、美术馆等，新乡土展示空间一般小而精或小而极具特色。它以展示农耕文化、乡村历史、农业特色、地方艺术、非遗传承或手工艺与农作物、经济作物等特色产业为主，可以说不同地域、不同民族间的展示空间大相径庭，但各具特色，最能凸显地域独特性，保留与传承了一方文脉，深受当地居民的支持与游客的喜爱。

4. 其他公共建筑

除以上几种较为常见的公共建筑，新乡土建筑随着经济发展、文化生活的丰富以及市场需求的变化，陆续诞生出更多类型的功能空间。如乡村讲堂，可作为新农村建设的知识传播空间，也可为时下热门的乡村游学提供场所；乡村书屋，作为公共阅览室，极大丰富和提高了乡民的文化生活与主动阅读学习的热情，为乡村注入了更多文化内涵，提供学习的场所；乡村农产品电商直播空间，这是随着互联网经济蓬勃发展应运而生的重要经营空间，可带动农产品销售、传播自身特色，使农产品销路更广、知名度更容易传播。另外还有满足行政功能和生活、教育的各类公共建筑，如基层行政办公空间、学校、幼儿园、卫生医疗院、敬老院、商业和餐饮服务空间等，在新乡土建筑建设发展的过程中，各类空间和设施也逐步功能完善和更具人性化。

第二节　新乡土居住类建筑及室内设计

一、民居民用住宅

1. 民居民用住宅的当代特征与设计原则

早在古时，山水田园的栖居生活一直为人们心之向往。随着时代的发展，城镇与乡村差距逐步拉大，乡村的民用住宅在设施条件和便利程度上与城市形成一定差距。同时因为信息和发展不同，为了追求建造速度，"千镇一面"的乡村民居形式占据了很大规模。在这种背景下，更多的建筑规划和设计师把新乡土建筑理念引入乡村民居建设，以寻求当代乡村更新和建设更好形式。

新乡土建筑理念下的民居民用住宅是结合传统与现代、功能与美学的乡村住宅建筑形式。新乡土民居的概念在当代中国乡村振兴的背景下得到了广泛的关注和实践，它旨在保留传统的乡土底色，同时融入现代技术与设计理念，以适应现代居住需求。乡村住宅在功能上与城市住宅有本质区别，从村民的实际需求出发设置功能，既是尊重村民原有生活习惯，也是面向本地居住者的设计。在新乡土民居设计中，建筑师入户走访，以问卷的形式收集信息，或者直接在村民家中吃住，亲身体会村民的日常起居生活，其目的就是发现村民的实际需求。

基于以上特征，新乡土民居民用住宅有以下设计原则。

（1）融合传统与现代

新乡土民居在设计上尊重并借鉴了传统民居的建筑元素和技术，如陕西关中地区"窄厅方屋"的空间模式，以及闷顶、共墙、硬山排水等技术原型。同时，它们也融入了现代技术，例如阳光间、采光通风井、墙体内保温、太阳能光伏发电等。

（2）注重美观性、文化性和艺术性

新乡土民居不仅仅满足于基本的生产生活功能，更加注重建筑的美观性、文化性和艺术性。它们是乡土文化的重要载体，传承了当地劳动人民的智慧和乡村传统美学。

（3）因地制宜的设计

新乡土民居的设计考虑到当地的地理环境、气候条件和文化背景，力求与周围环境和谐共存，体现出地域特色。

（4）低成本与环保

在建造过程中新乡土民居倾向于使用当地的材料和工艺，以降低成本并减少对环境的影响。同时，它们也注重生态环保，如使用三格式化粪池等环保设施。

（5）重燃文化自信

通过当代的美学语言，新乡土民居唤醒了乡村的生命力，增强了村民们的文化自信。它们不仅是住宅，更是乡村文化的展示窗口。

2.民居民用类建筑设计方法

（1）满足村民的实际需求，注重私密性

保证私密性是私宅设计的第一位原则，在传统的民居中很难找到没有围墙的房子。在江浙一带的明清民居都有明确的环境边界，都强调"内"与"外"的反差。尤其是在以土地边界划分私人使用权属地最为突出的乡村，人们对自己的归属领域特别敏感，对边界的划分有明确的限定。在现代新乡土民居中，通常使用的方法是，通过外部封闭的建筑表皮进入一个完全现代的居住空间——宽敞明亮的起居室、布置完整的居住功能以及组织明确的流线。

（2）中心式平面布局

院落是乡村独有的资源，相比于钢筋水泥丛林的都市，一方天井或叠院式中轴布局给建筑增添了自然灵气，人们能更好感受建筑的内外、虚实。中心或中轴一般设置天井或叠院，周围布置住宅重要的功能空间，如将餐厅、起居室等空间对着院子，卧室置于楼上或院落深处。

（3）建筑形态调整与符号重组

建筑形态调整体现在依托并保留原有乡土建筑形态，并对其进行微调，即局部形态的调整与更新，表现为新形式与旧形式的整合，其实质为创造新的形式秩序。例如在改造时不应推倒重建，而是运用加高屋顶或桁架、增大采光洞口等方式在不破坏原有建筑的基础上优化建筑整体形态，使建筑更具现代实用性，同时建筑的艺术价值和年代感得以保存。

符号重组体现在将建筑原型的形态抽象化，分离组成要素，再将这些要素重新组织与重构。这也是对原型的延续与创新的一种方式。如浙江省杭州市富阳区东梓关村新民居，便是对传统中式住宅形态意向的延续与创新。设计提取传统徽派建筑人字屋面作为原型，分离出对称、微曲、起翘的屋面线条要素，加以解析与重组，衍生出不对称的连续屋面以及单坡屋面（图7-1）。在构图方面，屋面曲线要素和实

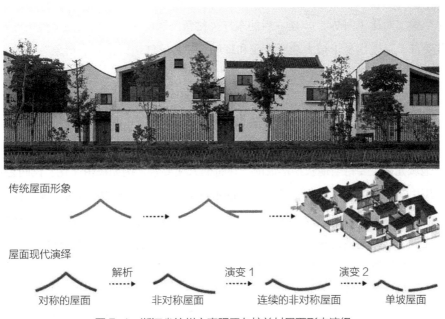

图7-1 浙江省杭州市富阳区东梓关村屋面形态演绎
（图片来源：杨刘毅，当代中国新乡土建筑设计研究）

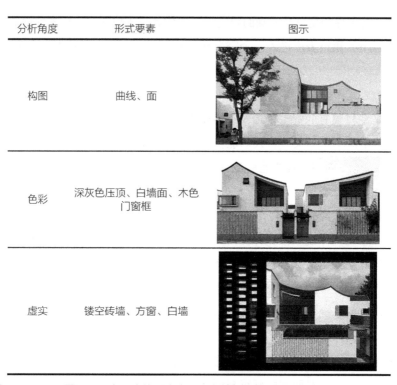

分析角度	形式要素	图示
构图	曲线、面	
色彩	深灰色压顶、白墙面、木色门窗框	
虚实	镂空砖墙、方窗、白墙	

图 7-2　浙江省杭州市富阳区东梓关村新民居建筑要素
（图片来源：杨刘毅，当代中国新乡土建筑设计研究）

墙面要素形成呼应；在色彩方面，深灰色的屋顶线条与大面积白色墙面的产生强烈对比；在比例方面，镂空的青砖墙面、大小不一的方窗与大面积连续起伏的实体墙面产生虚实对比（图 7-2）。建成后的东梓关村新民居的整体形象实现了传统形态的现代演绎，呈现出易于被大众所接受和理解的"传统江南诗情画意形象"特质，人们在其间可感受到江南聚落的灵动与婉约气质。

3. 民居民用类建筑室内设计方法

（1）使用地域文化元素装饰

地域元素主要指当地长期形成的、独特的人文要素，例如民俗文化、民间艺术、人文历史等，均为当地区别于其他地域的地域元素，这一点在中国的传统乡村尤为显著。在新乡土建筑室内设计运用时主要选取的对象一般是图案样式、造型材料等地域元素。这些地域元素通过巧妙的设计向参观者传达地域文化和精神内涵，也为现代文明与传统文明的融合提供了思路。

（2）轻硬装、重软装陈列

建筑室内的设计主张轻硬装、简洁装修流程，在选材上遵循新乡土建筑的选材原则，因地制宜、就地取材，在材料的质地、色彩等方面凸显地方特色。装修尽量精简，取而代之用软装饰、陈列物品等反映当地文化的物件来进行室内的装饰，这是从室内设计灵活与拙朴的层面体现乡土美学，而选取的陈列饰品大多采用当地材料制作而成，反映了当地的风土人情。

（3）运用光影增加室内氛围效果

光影的运用一是指自然采光引入室内环境。这种光效是真正取自天然的照明，不仅光线自然、理念环保，而且非常契合新乡土建筑的原始生态感。比如木屋顶或瓦片的拼接留有间隙，使自然光线照射进室内，既满足日间照明，又有光影斑驳的光束效果，使人感受到自然之美。或在建筑中预留天窗，并在天窗光照处设计较为重要的视线聚焦点，如景墙、堂屋中心的中堂画、博古展示区等，满足照明的同时给予特殊装饰点光影氛围。光影的另一种运用是必要的人工照明，灯具造型尽量简约古朴，色温宜暖或暖白，位置在满足家庭照度情况下，可以适当对建筑内墙肌理、特殊乡土装饰材料等部位进行局部重点照明。

二、乡村民宿

1. 乡村民宿特征及设计原则

随着民宿经济发展，乡村中的民宿与城市民宿在形制、内容、特色等各方面都已经产生了相当大的差异，这种差异不仅是地域差异，更多的是消费者体验追求的差异。因此，乡村民宿需要和城市中的民宿区别设计。乡村民宿设计是一种更加注重体验和情感交流的住宿方式，它以乡村自然环境、文化背景和生活方式为基础，通过设计创造出独特的乡村体验。乡村民宿设计不仅仅关注建筑本身，更注重与周围环境的关系，以及如何通过设计来提升居住者的体验。

基于以上特征，新乡土理念下的乡村民宿设计一般遵循以下原则。

（1）融合自然与人文

乡村民宿设计充分利用周围的自然资源，如山、水、林、田等，并将这些自然元素融入设计中，创造出与自然和谐共存的空间。同时，设计也考虑到当地的文化背景和历史传统，使建筑与当地文化相融合。

（2）注重情感交流

乡村民宿设计注重人与人之间的情感交流，通过共享空间、活动场地等方式促进居住者之间的互动和交流。设计还考虑到家庭成员之间的互动需求，创造出适合家庭活动的场所。

（3）体现地域特色

乡村民宿设计体现出浓厚的地域特色，如使用当地的建筑材料、工艺和装饰元素等，使建筑与周围环境形成统一的整体。

（4）坚持可持续发展原则

乡村民宿设计注重可持续发展，采用环保材料和技术降低对环境的影响。同时，设计还注重建筑的节能性能，以提高能源利用效率。

（5）提供多元化服务

乡村民宿设计不仅提供住宿服务，还可以提供农业体验、文化交流、户外活动等多种服务，满足不同居住者的需求。服务的多元化更要求在建筑空间设计和室内设计规划时考虑到这一部分功能的使用空间，需要设置多功能共享区域以保证提供相应服务。

综上所述，乡村民宿设计是一种注重体验和情感交流的住宿方式，它通过融合自然与人文、注重情感交流、体现地域特色、可持续发展和提供多元化服务等特点，为人们提供了独特的乡村体验。

2. 乡村民宿建筑设计方法

（1）建筑布局方法

建筑的平面布局是决定建筑功能和动线布局的重要环节，乡村民宿在满足游客住宿需求的同时，更多想要提供给游客不同于城市生活的体验感，具有休闲和游览属性，所以在平面规划时会把更多功能考虑在内。常见布局方法有如下三种。

集中式布局。这种布局方式适合单体建筑或独栋楼房使用，是以民宿核心服务区及接待大厅为中心，若有院落，则建筑与院落呈单一面向式关系，设置前院或后院，一条主要动线穿行。客房分布在核心功能区周围或楼上，餐厅、交流区等休闲空间可与接待大厅、院落共享。

院落式布局。这种布局方式适合具有多间或多栋房屋的民宿建筑使用，院落形式常见有叠院式、夹院式。院落式布局沿袭中国传统建筑的布局方式，叠院式通过天井或走廊通过三进、五进等方式连接各栋房屋，夹院式可由多栋建筑围合而成，共用同一个大院落。院落式布局最大化利用室内外空间，使室内和室外联通，增加空间层次感，关联方式的不同也可以产生出不同的连接方式，门、廊、柱、台阶等部位也可做精美装饰，使各种建筑细节和地域元素更好呈现。

散落式布局。这种布局方式适合占地面积较大的多间、多栋民宿规划，如山野中、同一个度假式乡村中或规划乡村景区中，民宿预备打造更好的体验空间，打破围墙和院落的围合概念，使游客有推开房门或院门即置身于乡野自然中的居住体验。不同房屋具有统一的视觉系统标识、相似的建筑风格，通过山间道路、乡村道路或景区道路进行连接通行，沿途也可欣赏风景，增添游览乐趣。浙江省湖州市长兴县上泗安村乡宿酒店采用就是这种布局形式，公共区域、客房区域分布在村落中的几个区域内，住客通过到达客房的路途对村落进行了解（图7-3）。

图 7-3 浙江省湖州市长兴县上泗安村乡宿酒店分散式布局
（图片来源：杨刘毅，当代中国新乡土建筑设计研究）

（2）建筑形象与风格

乡村民宿最为强调的是在地性，较为成功的常见做法是外部形象基本保留原有民居的外立面特征，如双坡的瓦片屋顶，主立面通透而山墙封闭，立面墙体材料基本保留原有民居的白色抹灰墙面或夯主墙的传统特点，只是在原有的窗子处安装通透的玻璃来凸显新意。有些建筑还在墙面增加木材截面堆砌或自然石堆砌的肌理来增加乡野气息。

第一，旧建筑改造的民宿在体量上可以突破，但要谨慎控制，否则容易破坏原有合理的乡村建筑尺度。

第二，新建民宿的体量不宜过大，建筑造型可以从传统的乡村建筑意象中提取，用抽象的语言加以升华。

第三，立面的材质可多使用木材、石材、竹或当地砖瓦等自然建筑材料，与场地环境和原有建筑契合的设计风格能更好地凸显在地性。

3. 乡村民宿室内设计方法

（1）功能布局上充分考虑和配合特色项目，增加游玩体验设施

浙江省湖州市德清县碧坞村的大乐之野、浙江省湖州市德清县瑶坞村莫干山伴屋等乡村民宿，在室内空间布局上设有咖啡厅、餐厅、会议室、兼作吧台的服务台等。云南省玉溪市澄江市小湾村的抚仙湖树崖山居设置了室内手作交流区和室内外泳池，为游客增添体验式游玩项目。另外很多带有院落的乡村民宿，将室内外联动，规划出室内酒吧和室外露营区域，延长了经营时间，为游客提供了更多放松与交流的场所。

（2）室内不同区域统一中寻求变化，突出各功能区亮点

民宿室内不同功能区大致有接待区、餐区、客房区、休闲交流区以及后勤区等。

具有公共属性的区域可考虑适当渗透和共享，在设计风格上突出民宿和地域性主题；客房区以舒适、质朴为宜，不必追求材料的豪华，可将档次的提升与否用于卧具寝具、卫浴洁具和房间设备质量的配备上；后勤区和餐区也是民宿设计中需要重点考虑的一环，因为民宿的特点之一便是游客有参与到在地家庭的体验感，有相当多的民宿可提供厨房，或房主与游客共餐，所以后勤区的面积、设施设备以及装修风格需要凸显便利和特色，便于卫生清洁与日常使用维护。

（3）设计风格传达新乡土理念的生活方式和审美意趣

新乡土建筑整体上表现的是一种自然建造的美感，这与当代环境中人们向往田野生活，追求自然朴实的审美取向基本贴合。游客选择民宿居住其中，其实是与当地最亲密直接的一种接触和信任，只有当环境表达的美与社会公众心里所期待的体验和美产生共鸣时，二者之间才会产生沟通与连结。在选材方面，乡土材料具有强烈的肌理语言，使用具有当地特色的砖、石、瓦、木、竹等乡土材料进行室内装饰可以更好地与周边的自然环境相融，形成具有亲和力的空间氛围，体现其自然风貌和质朴的韵味，使游客体验到有别于都市和其他地域的居住感受。

第三节　新乡土文化类建筑及室内设计

一、设计特点

乡村文化类建筑是乡村宝贵的公共空间，既见证着璀璨历史，也讴歌着时代旋律。因此，不仅要在丰富村民生活方面发挥重要作用，更要着力于传统文化的传承、科学文化知识的传播，进而成为乡村精神文明建设的"桥头堡"。在乡村各地的文化空间中开展如启蒙礼、孝敬礼等传统文化活动，培育和坚定了农民的文化自信。通过乡村文化空间，以人民群众喜闻乐见的形式把党的创新理论和创新政策及时传递，让老百姓乐享好生活，凝聚起更团结、更澎湃的力量。

乡村建筑的作用更趋向于地域性的、社区文化性的记忆场所，所以新颖的建筑构建方式和空间传递的非物质形态（情感、文化、精神）缺一不可。在长期的历史发展中，传统民间的文化来源除了农耕作为乡村主要的文化符号，如泥塑、制茶等各类手工艺等都是使村庄的地域文化更加丰满和立体的元素。

乡村文化类建筑作为乡村文化和现代生活理念的融合和重建，"新旧结合"的理念往往被运用于建筑材料选取之中。乡村文化类建筑大部分采用当地的传统材料，防腐又具备耐久性的材料使得建筑可以极好地呼应乡村环境。比如在旧时烧制夯土加以麦秸、竹面使之更加坚固、耐用，而沿用相同工艺的夯土材料能打破时间壁垒使历史岁月感与农耕文化山鸣谷应；就地取材垒砌拼接的毛石墙、河边的卵石，以及地面的青条石来表达返璞归真但错落有序的淳朴景观。

随着乡村振兴战略的不断推进，全方位推动乡村制度、经济、文化、生态发展成为必然趋势。乡村公共文化空间作为乡村文化的活化载体，是反映乡村历史文化积淀与村民日常生活的公共区域，是一个涵盖文化资源、文化活动、文化机制在内的，展现农村文化生活的物理区域。党的十九大报告提出按照"产业兴旺、生态宜居、乡风文明、治理有效、生活富裕"的要求实现乡村全面振兴。因此重视乡村空间建设，在传统村落和现代村庄中进行公共文化空间的重构成为注入乡村振兴新动能的重要步骤。

乡村文化建筑在各地以不同的形式出现，其中乡村文化礼堂、乡村展示空间是近几年乡村中较为常见的空间类型，具有较强的代表性。

二、乡村文化礼堂

乡村文化礼堂以其庄重的文化印记，彰显文化育人之"神韵"，是乡村文化类建筑的典型空间，能同时发挥村民积极性、提升认同感和能动性。乡村文化礼堂的兴建，促进了传统文化的回归，进而重新唤起了人们的信仰。当前市场经济发展，对传统乡村带来一定的文化冲击，需要一定的价值重建措施。各地以文化礼堂建设为契机，充分挖掘地域资源，做足当地农耕文明、传统文化、乡贤礼仪互相交融的文章，整合散落于民间、存活在百姓记忆中的文化资源。

1. 乡村文化礼堂的概念

乡村文化礼堂，指在农村地区建设的基层文化平台。依托乡村文化礼堂和乡村"文化大使"，通过寓庄于谐、寓教于乐"接地气"地浸润，将文明之风播进农民心田。在乡村振兴大背景下，充分发挥文化礼堂的阵地作用，有助于凝聚乡村精气神，提升文化软实力培育。

乡村文化礼堂作为乡村文化建设的核心载体，承载着村落的文化标签和精神符号。但在实际建造中往往因时间关系，缺乏对村落文化特征的充分挖掘。同时因建设的复杂性也使得设计不仅仅是单纯的建筑或景观的营造，更像是对村落文化的挖掘和特征的重塑。

乡村文化礼堂建筑在功能上大多为复合型功能，一般以多功能礼堂为主，可以是独立设计的单体建筑，也可以利用原乡村的闲置建筑或标志性建筑，如祠堂等进行改造。除礼堂外亦可结合便民服务和村委办公功能。多种功能整合于同一屋檐，节时举办红白喜事，充当戏台、祠堂和宴厅；闲时作为村委所在地可提供便民服务；茶余饭后又成为村民纳凉休憩之所。

　　浙江省湖州市安吉县大竹园村是住建部省级农房试点村,其文化礼堂"小村客厅"体现了乡村环境设计尊重与复兴农民的生产、生活方式的原则。大竹园村的历史可以追溯到明代,然而村落经过历代的破坏、改建和生长,如今村中历史最久远的仅剩下一堵清末的墙,但村落原有的肌理依旧清晰可见,其浙北民居的建筑形制和生活方式更是从各个角落显露出来。在江南水乡的生活习惯中,水是一个重要的元素和特色。古时候的村民,将水用于灌溉、浣洗、生活,往往通过家门口的水声和气味就可以知道自己的家在哪。因此"小村客厅"选址时,选择了临水而建。"小村客厅"的概念起源于乡村文化和现代生活理念的融合和重建。由于传统的乡村的公共空间相对于城市的公共空间相对单一,并没有明确地根据功能区分一个空间,所以"小村客厅"不仅仅作为文化礼堂,它的使用方法是多功能的,比如老人活动中心、农耕展览、图书浏览和乡村振兴讲堂等功能可充实农民群众的生活形态。此后,一年一度的除夕长桌宴作为乡村民众的精神载体在有形的公共空间中实体化(图7-4)。

2. 乡村文化礼堂的设计原则

　　文化礼堂作为乡村文化空间的重要组成部分,建设上除了室内设计常见的功能布局、界面设计、软装设计外,还需要注意以下三项设计原则。

　　(1)传承历史文脉

　　弘扬地域文化、发展乡村文旅产业是乡村公共文化空间建设的终极目标。文化礼堂具备仪式、娱乐、宣教等功能,通过挖掘保护民风民俗、地方技艺、传统美食、元素符号等各种文化资源,将其进行物化展示和活态传承,使其在能够有效继承乡村历史文脉的同时,强化对农民群众的自我教育与情操陶冶。

图7-4　浙江省湖州市安吉县大竹园村文化礼堂

图7-4 浙江省湖州市安吉县大竹园村文化礼堂（续）

（2）创新传统元素

文化礼堂的建设需根据乡村发展沿革与村容印迹，提炼地方建筑特色，创新传统元素。通过修复残破空间、利用废弃空间、整合存量空间等手段，对空间属性与空间要素进行保护、恢复和整治。

（3）功能因地制宜

通过对不同传统空间进行文化联动与业态培育，以承载传统生活方式的空间来激活乡村传统文化活力。培育新民俗、树立新风尚，使之成为当代农民群众的精神家园与承载乡土情怀的乡村振兴文化综合体。

3. 乡村文化礼堂的发展趋势

（1）提升礼堂颜值，营造乡村美学

文化礼堂在选址设计过程中应重视对乡土文化的理解认知，重寻人地关系的和谐、追寻乡土文化的基因、发掘乡土文化的个性。利用数字化设计等手段，以点带面，将文化礼堂融于其中，打造集生态、文化、产业、生活、公益于一体的发展系统。在展陈方面，应进一步厘清村史文脉，挖掘"活态"文化资源进行有效展出，形成"一村一品、一村一韵"的礼堂新格局。

（2）丰富礼堂功能，搭建多元场景

推动农村文化礼堂建设从定性为主向"定性 + 定量"转变。利用多媒体、5G 等技术手段，升级文化礼堂功能。广泛开展文学、音乐、曲艺、影视、书法、美术等线上线下培训活动；创新数字阅读、在线演艺、网上辅导等新型服务。深入推进美丽乡村建设，推动高雅艺术上山下乡，构建文化礼堂建设、使用、培育、传播、评价等全生命周期管理体系，打造现代乡村文化生活样板。

（3）点亮礼堂经济，助力乡村文旅

把礼堂建设和美丽乡村、社科基地建设等相结合，发展以文化礼堂为核心区，以户外运动、观光游赏、采摘民宿等为主打产品的旅游发展模式。通过设计展现地域特色的景观标志、旅游手册，编排针对假日旅游的活动计划表等，搭建"文化礼堂 +"产业链，打造一批乡村旅游示范礼堂。

三、乡村展示空间

1. 乡村展览空间的作用与意义

乡村展览空间是乡村文化传承和发展的重要载体，通过展示乡村的历史、民俗、艺术等文化元素，不仅能让当地居民了解自己的文化根源，增强文化自信心和归属感，唤起当地居民对传统文化的重视和保护意识，为年轻一代提供了解和学习传统文化的机会，还能为游客提供一个了解乡村文化的窗口，促进文化的交流与传播。

乡村展览空间的建设和管理能够带动相关产业的发展，如旅游、餐饮、住宿等，为乡村经济注入新的活力。通过吸引游客前来参观，提升乡村的知名度和影响力，从而推动当地经济的发展。

2. 乡村展览空间设计的要点和方法

乡村展览空间在乡村文化传承与发展、促进经济发展、增进城乡交流与融合以及乡村文化保护与传承等方面具有重要意义。在设计过程中需要明确主题与内容、尊重乡村生活与生态环境、突出地域特色与文化传承、强调互动与交流、合理运用多媒体技术、注重细节处理与人性化设计以及遵循可持续发展原则。

（1）明确主题与内容

在设计乡村展览空间时，展览的主题和内容的选择需根据乡村的历史、文化、产业等特色确定，应突出所在乡村的特色和面貌，强调村落特征。

（2）尊重乡村生活与生态环境

设计过程中应深入了解乡村的历史、文化和民俗，尊重乡村生活的特点和生态环境。通过合理布局和选材，确保空间设计能够反映乡村的独特魅力，与乡村环境和谐共生。

（3）突出地域特色与文化传承

乡村展览空间应突出地域特色，弘扬当地的文化传统。通过对乡村文化资源的深入挖掘和整理，提取乡村的历史、民俗、发展特征等，传承乡村的文化基因，提升展览的文化内涵。

（4）强调互动与交流

乡村展览空间设计应注重互动与交流，为村民和游客提供一个开放、包容的场所。通过设置互动展览、活动区域和休息交流区等，鼓励观众参与其中，促进不同群体之间的交流与了解。

（5）合理运用多媒体技术

在有限的展览空间中，合理运用现代技术能够提升观众的参观体验，为观众呈现生动、立体的展览内容。这不仅能够提高观众的参与度，还能使展览内容更加丰富多彩。

（6）遵循可持续发展原则

在空间设计中应注重可持续发展原则，合理利用资源，保护生态环境。采用绿色材料和可再生能源，降低能耗，减少对乡村生态的破坏。通过生态化设计手法，如自然采光、通风和温控等，减少对人工设备的依赖，使展览空间成为人与自然环境和谐共生的典范。

竹是乡村常见植物，浙江省湖州市安吉县双一村以竹编为传统产业特色。村落中藏着的竹主题展示馆，场地虽不大，但设计构思巧妙，通过折线展台展示小型竹编制品，整体参观动线灵动，模拟茶室展示了竹材在家装、家具等领域的使用场景，同时又丰富了展陈空间的尺度（图7-5）。

图7-5　浙江省湖州市安吉县双一村竹主题乡村展馆

复习与思考

1. 新乡土建筑与传统乡土建筑的区别。

2. 思考乡村文化类公共空间的设计特点。

课堂实训

从平面布局、材料选择两个方面分组对任务书中的乡村室内空间进行设计，完成乡村室内空间设计。

第二部分

设 计 实 践

第八章

外浒村规划设计

第一节　项目背景

一、项目区位

　　福建省宁德市霞浦县下浒镇外浒村地处霞浦县南部，靠近福建省会福州市，距离福州市中心大约 40 千米，距离宁德市 41 千米，距离霞浦县 32 千米，距离小西洋岛 8.5 千米，距离海岛乡 14 千米。杭深高铁途经霞浦县，该地到温州、福州只需要一个小时左右。位于福建沿海地区，面临台湾海峡，拥有得天独厚的海洋资源。

　　项目周边拥有强劲消费力的客源市场和旺盛的旅游康养需求，可以吸引周围的人过来旅游消费，促进当地的消费水平。

　　外浒村有两个村庄出入口，一个沿着镇政府门前道路，到达外浒村；另一个通过外浒隧道进入外浒村。政府拟建一条沿海观光旅游线路穿过外浒村（图 8-1）。

图8-1　交通分析

二、现状分析

1. 用地现状

场地处在半岛，有一个优良的养殖基地，且不受到台风影响。但目前场地都还是以渔民生产为主。用地存在以下问题：

低效率（Low Efficiency）：该场地未能有效地利用可用资源，导致浪费。

闲置（Underutilized）：场地未被充分利用，导致大部分时间或空间处于闲置状态。

未开发（Unutilized）：该场地尚未被开发，或者只有部分功能得到了开发，其潜力尚未得到发挥。

空置（Vacant）：场地中的建筑或土地可能处于空置状态，没有租户或使用者。

潜力未实现（Untapped Potential）：场地可能有潜力，但尚未被充分实现，需要采取措施以释放其潜力。

贫瘠（Barren）：这一场地可能没有足够的活动或资源，使其有吸引力（图8-2）。

2. 环境现状

外浒村依山面海，风光独特，最出名的外浒沙滩别名"闽东北戴河"。该沙滩长约1500米、宽约200米，坡度平缓，沙粒洁白如玉、光洁似珠，湾内风平浪静，是一处不可多得的旅游胜地。外浒村外有众多类型各异、别具特色的岛屿，可欣赏淳朴浓厚的海岛民俗风情。这里还坐拥著名的闽东渔场，渔业资源丰富，由此外浒

图 8-2　用地现状

村的渔业养殖基地，也被称为"霞浦海上威尼斯"。

外浒村不仅自然景观秀美迷人，还有一座明代古堡，系与崇武古城同一时期的建筑，为省级文物保护单位，具有较高的历史文化价值。周围有着丰富的人文景观，有琵琶岛、云峰寺、狮子山、朱熹游学地——文星坪等诸多名胜古迹，让人在游览之余也能感受文化的深厚（图8-3）。

外浒村的沙滩上摆放了各类船只，杂乱无章，没有进行统一管理；船只的保养、检修和存放都在沙滩上，检修时易燃物品堆砌存在严重的安全隐患。村里的空地上摆放着一些出海工具和一些建筑废料，这不仅对村里的环境造成影响，还使游客对村庄风貌留下不好的印象。外浒村山上因晒制海带，致使山顶出现一块山秃，生态遭到了严重的破坏（图8-4、图8-5）。

村里有些民房室内混乱；路边有许多危房，一些村民为了方便，把鸡鸭养在门前小院，垃圾也堆在那里，严重影响村庄风貌。

图8-3 外浒村海滨风光

图8-4 环境现状　　　　　　　　图8-5 晾晒海带

三、产业背景

2014~2019 年期间，中国滨海旅游业收入增加值长期占据全国旅游行业总收入两成以上。2020 年受疫情影响，滨海旅游成为国内游客出游首选，占比一度达到62.44%。2021 年有小幅下滑，当年中国滨海旅游业增加值占全国旅游行业总收入的52.39%，仍然占据中国旅游市场的"半壁江山"。

外浒村的村民以养殖海带为生，产业单一并且相对辛苦，行业也存在一定的危险性。随着村里年轻人外出打工，村里只有老一辈人留在这里，年轻劳动力不足。

四、政策解读

按照党的十九大提出的决胜全面建成小康社会、分两个阶段实现第二个百年奋斗目标的战略安排，到 2035 年乡村振兴取得决定性进展，农业农村现代化基本实现。到 2050 年，乡村全面振兴农业强、农村美、农民富全面实现。建议大力发展深海智能养殖渔场，实现研发、养殖、物流、销售、加工全产业链；培育海洋旅游精品，积极发展渔村风情和渔家民俗体验、海钓休闲、温泉养生、海洋世界旅游演艺、海洋运动、海上低空娱乐等滨海旅游精品项目；加快发展休闲渔业，完善渔港配套服务设施，打造集渔船停泊补给、水产品集散加工、休闲渔业于一体的渔港经济。打造生态旅游产业链，乡村特色旅游业态将迎来大发展（图 8-6）。

根据《福建省人民政府关于促进旅游业高质量发展的意见》发展目标，顺应大众旅游和国民休闲时代要求，把发展民宿作为深化旅游供给侧结构性改革、实施乡村振兴战略的重要抓手。结合建设一批全国休闲农业重点县、全域生态旅游小镇、金牌旅游村、省级美丽休闲乡村和"水乡渔村"休闲渔业基地。

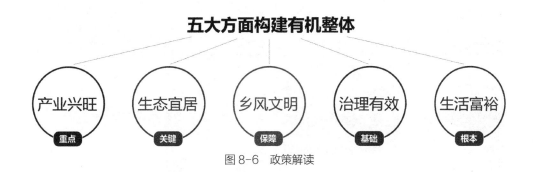

图 8-6 政策解读

第二节　设计策略

一、项目目标

项目目标为由单一化转变为多元化示范区，包含以下三方面：

（1）形象升级：渔、文、旅结合发展特色旅游。

（2）产业转型：加工、销售、电商一体化运营。

（3）融资落地：政府、企业、村集体合作共赢。

二、文旅规划

1. 形象升级——天路登山道打造

外浯村四面环海，海岸线长，具有很好的观光条件，我们通过打造一条登山之路，清晨游客可以登山健身，呼吸新鲜空气，俯身欣赏外浯之美；同时山路也是一条很好的串联文化道路，在游客登山之后，沿山路可以对当地的文化和景点有一个充分的了解（图8-7）。

2. 形象升级——陆路

通过外浯沙滩和外浯古堡，打造一条陆路游线，白天在沙滩边嬉戏玩耍，夜晚游古堡之美，体验当地文化（图8-8）。

图8-7　天路登山道　　　　　　　　　　　图8-8　陆路

图 8-9　水路

3.形象升级——水路

打造一条"水上之路"，人们可以在这里垂钓，吃当地特色的渔产品，与朋友在海面上吹风交心。建设乐友斋农家乐、外浒沙滩民宿、休闲观光渔排等旅游点(图 8-9)。

三、产业规划

1.产业发展规划——一基四业

产业为本：通过各个产业的打造，使当地单一产业向多元产业发展。

生态产业：是以原生态环境基础，发展和升级当地的工业、农业和养殖业等。

文旅产业：通过旅游，与当地民俗艺术文化相结合，打造旅游名片。

康养产业：以优质的生态环境为基础，打造生态康养。

研学产业：通过产业升级，开发研学产业，可以让人们边学边游（图 8-10）。

图 8-10　发展规划

2. 生态产业

外浒村粮食作物以水稻、甘薯为主，完成粮食播种面积 8 平方千米，粮食产量每年 0.4 万吨。渔业以海带养殖、海洋捕捞为主，渔业年产量 3.6 万吨，产值 4.1 亿元，比上年增长 5%。

通过对海带、水稻等产品的二次加工处理，使当地的产业得到多元化发展，回收利用农作物废料，使其变废为宝，促进当地生态可持续发展。通过电商使当地的特色产品能够销往全国各地，增加村民的收入。

3. 文旅产业

（1）渔村文化

外浒村村民出海前，渔民们会在岸边举行仪式，祈福风调雨顺，有个好收成。渔村文化节在传播渔村文化的同时，也增进了村民间的互动。通过拓展渔村文化和古堡文化，可以很好地与滨海旅游相结合，推进文旅产业的发展。

（2）外浒村古堡

古堡于明嘉靖三十四年（1555 年）修建，几经重修。城堡平面呈椭圆形，外浒古堡城墙以鹅卵石、块石垒砌，周长 648 米，基通宽 5.5 米、顶宽 3.6 米，通高 6 米，保存有宽约 2 米走马道。现存 5 个城门，东、北两门为长方形门，西、南三门为拱形门。整座古堡基本保护完好，虽地衣剥蚀但古榕掩映、古雅可人。该城堡为我国研究海防史提供了重要的实物资料。2013 年，外浒城堡被福建省人民政府公布为第八批省级文物保护单位。

（3）民俗文化

软木画，又称软木雕、木画，是福州工艺"三宝"之一。作品色调纯朴，刻工精细，形象逼真，善于再现我国古代亭台楼阁。现福州软木画有五百多种花色品种，产品远销三十九个国家和地区，有的产品陈列于首都人民大会堂福建厅。

（4）民俗风情

当地有妈祖走水、中秋夜游神、奢歌对唱、踩火海等丰富多彩的民俗风情。每到节庆日，人们会举行相应的活动，或是在海边，或是在村中，目的是消灾祈福，祈求幸福安康。

外浒村拥有着丰富的文化底蕴，村里建有临水宫、娘娘宫、师公宫、李氏宗祠等文化建筑。宋代大文人朱熹在庆元年间来到下浒镇，并留下了"月朗更深酌巨觥，文星倍赏此间明。县南高枕兹山冠，更上层楼看日生。"的千古诗句。

4. 康养产业

村落可形成以食疗养生、滨海养生等为核心，以养生产品为辅助的集健康餐饮、休闲娱乐、养生度假等功能于一体的健康养生养老体系。提供全方位的康疗、养生设施及服务，并为人们提供冥想静思的空间与环境，以达到在恬静的气氛中修身养性的目的。

5. 研学产业

以当地特色产品、文化等为核心，开发研学基地，使人们在游玩之时，还能学习了解当地的生活生产，融入当地的生活当中。

第三节　方案设计

一、整体规划

拟定规划范围为 1514619.72 平方米（约 2271.93 亩）。场地是半岛状，东南以平地为主，西北以山地为主，山脉呈东西走向，高差比较大。场地的大部分面积都可以用来进行建设，并且以向阳坡为主。有优越的地理条件（图 8-11、图 8-12）。

结合一基四业的产业规划，在场地中布置观光、康养、在地文化体验等区域。将第一、第二、第三产业进行整合（图 8-13~ 图 8-15）。

二、分区规划

1. 天路规划

天路规划整体围绕山体进行设计，打造公益晒场、灵峰寺、南峰禅寺以及多个休息亭，合理利用山体地形以及当地现存文化景观建筑，营造一个休闲徒步的观光路线。

在灵峰寺以及南峰禅寺，游客可以品尝当地美食，聆听自然的虫鸣鸟叫，在大自然的簇拥下，享受当地文化带来的乐趣以及文化传达。

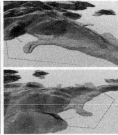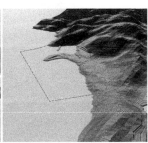

图8-11　规划范围

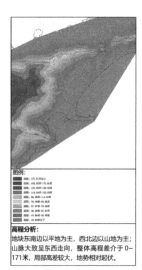
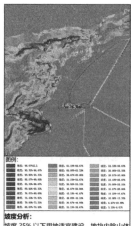
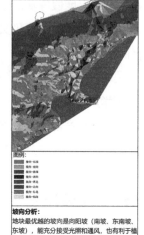

高程分析:
地块东南边以平地为主,西北边以山地为主;山脉大致呈东西走向,整体高程差介于0~171米,局部高差较大,地势相对起伏。

坡度分析:
坡度25%以下用地适宜建设,地块内除山体山脊峰线不宜开发外,场地50%左右用地坡度具备土地开发建设条件。

坡向分析:
地块最优越的坡向是向阳坡(南坡、东南坡、东坡),能充分接受光照和通风,也有利于植物生长。

图8-12 场地建设因子

1 公益晒场	12 海上教堂
2 休憩亭	13 临水宫
3 灵峰寺	14 生态康养区
4 南峰禅寺	15 海滨休闲中心
5 旅客集散中心	16 师公宫
6 渔村风情街	17 游船码头
7 村史馆	18 水上浮台
8 外浒花海	19 水上栈道
9 风情古堡	20 海滨浴场
10 李氏祠堂	21 水上文化中心
11 娘娘宫	22 海上游艇

图8-13 总平面

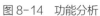

图8-14 功能分析

图8-15 景观分析

公益晒场在原有晒场的基础上，政府介入进行管理。使之在维持晒场整体秩序和规范的基础上，对土地进行整治，使整体环境变得美观，并以此打造一个游客打卡点（图8-16、图8-17）。

图8-16　天路规划平面

图8-17　天路规划节点设计

2. 陆路规划

陆路规划主要是对村庄进行功能分区。游客集散中心为规划的核心区域，周边辐射各类功能区块，如"风情古堡""渔村风情街""村史馆"等，既保留了渔村特色和渔村文化，还充分地做到了文化保留与传承的美好期许。同时结合现代新潮元素，将年轻业态带入渔村，吸引年轻游客前来且停留。如音乐街、外滩花海、岸边观景台等，可打造成为游客打卡的新场地。

康养产业会让渔村逐渐发展为舒适度高、文化性强、体验度感好的老年文化场所。业态的不断扩展和丰富会给渔村带来不一样的风貌（图8-18、图8-19）。

3. 水路规划

水路规划围绕渔村优美的海岸线徐徐展开，致力于打造极具观赏性的海景配套设施，可以较大程度地促进文旅产业的发展。通过设置游船码头、海滩休闲中心、水上浮台、水上栈道、海滨浴场、水上文化中心、海上教堂、海上游艇等场所，使游客漫步在海岸线上时，对于海洋的体验以及渔村渔民生活的感受更深刻。文娱活动在沙滩上举办，游客漫步在水上栈道，夜晚聆听海风、白天感受海水的拍打，这些场景使渔村的文化在文旅产业的提升的同时获得升华（图8-20、图8-21）。

① 旅客集散中心
② 风情古堡
③ 音乐街
④ 渔村风情街
⑤ 村史馆
⑥ 生态康养区
⑦ 外滩花海
⑧ 岸边观景台
⑨ 村口形象大道
⑩ 雕塑广场
⑪ 村庄入口广场

图8-18　陆路规划平面

图8-19 陆路规划节点设计

① 游船码头
② 海滩休闲中心
③ 水上浮台
④ 水上栈道
⑤ 海滨浴场
⑥ 水上文化中心
⑦ 海上教堂
⑧ 海上游艇

图8-20 水路规划平面

图8-21　水路规划节点设计

第四节　设计亮点

一、三产融合

  项目将通过政府引导、企业参与、村庄入股的形式打造滨海特色小镇。将产业、文旅、村庄三者有机地结合起来。将一产的现代渔业生产型产业与三产的休闲渔业通过渔业社区的分配制度结合，形成新的产业种类。在乡村文旅产品的打造中，将自然形态的旅游产品和度假产品相结合，丰富了文化生活，以多种业态形成旅游与度假目的地。建筑按照村落的原有肌理进行改造和新建，并结合管理和服务，打造新乡村（图8-22）。

  政府主导乡村旅游创客基地平台建设在基础与环境建设、政策与资金争取、招商引资、人员培训、行业监督等方面的工作；企业进行投资运营，建设乡村旅游发展；当地居民参与乡村旅游的建设与发展，鼓励居民自主创新创业（图8-23）。

二、文旅结合，打造特色滨海小镇

  文旅结合成为推动旅游业转型升级的重要策略。打造特色滨海小镇，不仅能够丰富旅游产品，还能促进地方经济的发展。

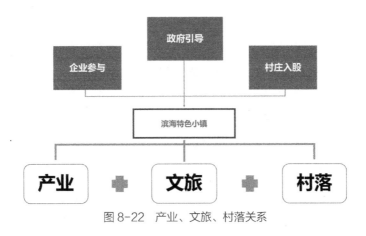

图 8-22 产业、文旅、村落关系

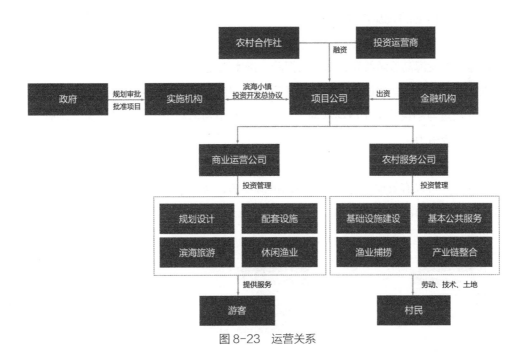

图 8-23 运营关系

1. 生态环境"护起"山海旅游

滨海小镇的生态环境是其最宝贵的资源之一。保护好山海自然资源，是打造特色旅游的基础。首先，应加强海岸线的保护和修复工作，避免过度开发和人为破坏。其次，通过建立海洋生态保护区，保护海洋生物多样性，维护海洋生态平衡。同时，推广绿色旅游理念，倡导游客进行环保旅游，减少旅游活动对环境的影响。

2. 文化力量"托起"滨海旅游

文化是旅游的灵魂。滨海小镇应深入挖掘和传承地方文化，将其融入旅游产品中。可以通过举办海洋文化节、渔村传统节庆等活动,展示当地的历史、民俗和艺术。此外,还可以开发以海洋文化为主题的旅游产品,如海洋博物馆、艺术工作坊等,让游客在体验自然美景的同时,也能感受到浓厚的文化氛围。

3.产业转型"带动"特色旅游

随着旅游业的发展,滨海小镇的产业结构也需要转型。一方面,可以发展以旅游为主导的服务业,如餐饮、住宿、娱乐等,满足游客的需求。另一方面,可以发展与旅游相关的特色产业,如海洋特产加工、旅游纪念品制作等,提高旅游产品的附加值。同时,鼓励当地居民参与旅游产业,通过创业和就业,实现经济收入的增长。

4.联动小西洋岛旅游和发展

小西洋岛作为滨海小镇的重要组成部分,其旅游开发应与小镇整体规划相协调。可以通过开发海岛旅游线路,如海岛探险、潜水观光等,吸引游客前来体验。同时,加强海岛的基础设施建设,如交通、通信、安全保障等,提高游客的旅游体验。此外,还可以通过与小镇的文化活动联动,如海洋文化节与海岛民俗活动的结合,增强旅游产品的吸引力。

通过生态环境的保护、文化力量的发挥、产业转型的推动以及小西洋岛旅游的联动发展,可以有效地打造具有特色的滨海小镇,实现旅游业的可持续发展,为地方经济注入新的活力(图8-24)。

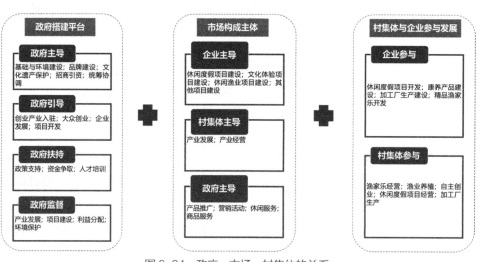

图8-24 政府、市场、村集体的关系

第九章

金东美丽乡村共富带设计

第一节　项目背景

一、区位条件

项目于浙江省金华市金义新区，地处"浙江之心"，是 G60 科创走廊节点城市、浙江省第四大都市区核心城市、"义新欧""义甬舟"开放大通道起点城市。区域内有 G60 杭金衢、G25 金丽温、G25 建金、G1512 甬金等 4 条高速，目前正全力推进甬金衢上高速建设；有杭长高铁、金丽温高铁、浙赣铁路、金温铁路等 4 条铁路，轨道交通贯穿全境，高等级公路密度 44.16 千米 / 百平方千米，达到了发达国家水平。金义国际机场选址在金东孝顺、义乌义亭两地交界，金义空铁枢纽站选址在孝顺。区域内有 2 条国家一级、6 条国家二级光缆干线，是浙江第二大信息传输交换枢纽、华东地区最大的 IDC 数据中心。全区总面积 658 平方千米，辖 12 个乡镇（街道），360 个行政村（社区），常住人口 51.7 万。

二、文化条件

金华古称婺州，因其"地处金星与婺女两星争华之处"而得名，金华市域春秋时属越国，秦、汉为乌伤县，属会稽郡，三国吴宝鼎元年（266 年）置郡名东阳，以郡在瀔水（即衢江）之东、长山之阳得名，金华设立郡府建置自此始。至今已有 1800 多年的历史。2000 年，撤销金华县，在县境东部设立金华市金东区。

　　城市文化建设方面实施"人文富区"战略，以文化人、以文铸城、以文兴业、以文惠民，重点打造施光南、艾青两位名人文化品牌。

　　诗坛泰斗艾青出生于金华市金东区，是中国新诗20世纪的杰出代表，与智利聂鲁达、土耳其希特梅克一起，并称为"20世纪的三大人民诗人"。"艾青诗歌奖"即以诗坛泰斗艾青的名字命名，该奖于2021年5月由中国诗歌学会、金东区政府共同发起设立。这是中国诗歌最高奖项之一，为双年度奖，每两年一届。施光南祖籍浙江省金华市金东区源东乡叶村，被称为"时代歌手"，为新中国成立后我国自己培养的新一代音乐家，至今金东区已举办了多届施光南音乐节。此外当地历史名人还有明代开国第一文臣——宋濂、中国革命先驱——施存统（复亮）等。金华有婺剧、木刻年画、金华道情、婺州窑等省市区非遗70余项，文化资源丰富（图9-1、图9-2）。

三、地理要素

　　金东位于金华、义乌之间，西接金华城区，东邻义乌，南连永康、武义，北靠兰溪，是浙中城市群、金义都市区的核心区，金义黄金主轴的节点区。辖区内

图9-1　金东名人

图9-2　金东非遗

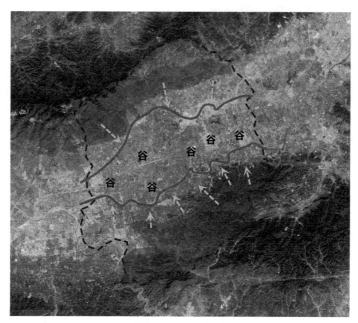

图 9-3　地理分析

有金义都市新区、多湖中央商务区、金华山旅游经济区、浙中公铁水联运港等重大平台，是共建金华的主战场、主阵地。全区所有乡镇分布比较均衡，没有特别偏远的山区。

"三面环山夹一川，盆地错 落涵三江"，金华地处的金衢盆地，是浙江省内最大盆地，也是我国南方最大的红土盆地。由外而内以此形成中山、低山、丘陵、河谷、平原的地形地貌（图 9-3）。金东区地貌以黄土丘陵为主，山塘水库遍布，水系比较发达，主要支流断面水质达到三类或优于三类的占 80%，森林覆盖率达 61%，全年空气质量优良天数达到 270 天以上，有较好的自然生态环境基础。植物资源有 1500 余种，其中森林树种 440 种，草本植物 300 余种，农作物品种资源 800 余种。并有珍稀树种如银杏、金银松、青檀等 11 种。茶花种植历史悠久，人工栽培茶花始于南宋，并有品种 300 余个。佛手种植始于清代初年，其品质、数量均在国内领先。拥有万亩盆景、万亩香樟、万亩桂花树、万亩桃花林，绿色已经成为金东的底色，小区庭院、道路两旁、河流两岸、田间地头、房前屋后满眼绿色、生机盎然。

四、产业分析

金东区四季分明，热量和雨量全年丰富，干湿两季明显，十分适合农作物、水果、苗木生长。全区农作物播种 22.78 万亩，其中粮食 4.35 万亩、蔬菜 7.95 万亩、花卉苗木 7.13 万亩、水果 9.93 万亩。粮食、蔬菜、水果是当地三大传统农业；还拥有花卉苗木、生态畜牧、食用菌、水产养殖四大优势产业；目前还大力发展了三大新兴产业，即农产品深加工、农业电商、乡村休闲旅游。

金华还是中国花木之乡、苗木（盆景）之乡，是浙派盆景等主产地，华东地区最大的花卉苗木基地。金东区是浙江省首批新时代美丽乡村示范区、首批部省共建乡村振兴示范区、全省深化"千万工程"建设新时代美丽乡村工作优胜区。整体构成六条美丽乡村风景线，分别为诗歌桃源精品线、蔬果香堤精品线、古村游学精品线、望佛问道精品线、绿廊苗海精品线、盆景长廊精品线。这六条线路不但将整个区域进行了串联，更将产业发展、生态保护进行了有效的结合。

第二节　设计策略

金东区根据位于金华地区中部这一地理位置特征以及丰富的文化底蕴，因此需将区域发展与浙江省发展方向、地方发展方向紧密结合。项目涉及岭下镇岭五、釜章、诗后山三个行政村，涵盖人口 2461 人，农户 1010 户，区域面积 7077 亩。共富带项目是区域承载能力和深化"千万工程"的重点项目。

一、策略推导

项目根据"诗画江南、活力浙江"的整体定位，到金华地区所提的"浙江之心、水墨江南"，落地到金东地区提出"诗歌田园、大美金东"，努力交出中国式农业农村现代化先行区浙江答卷的金东样板（图9-4）。

二、策略定位

1. 在金东感知中国和美乡村

通过多年的美丽乡村建设，金东地区乡村整体风貌有了显著提升。近年来更是通过庭院、花园、家园改造提升，体现了感知和谐、美丽金东的构想。艾青在诗歌《我爱这土地》中写道"为什么我的眼里常含泪水？因为我对这土地爱得深沉"；施光南歌曲《在希望的田野上》中写道"我们的家乡，在希望的田野上，炊烟在新建的住

图9-4　定位推导

  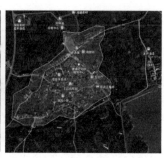

岭下坡阳老街：
旧时官商要道

山下头村：
550年历史"蝴蝶型"村落，
沈约后裔一代词宗

蒲塘村：
"燕儿窝"十八池塘 四水归堂
"一祠一阁四寺四庙十堂楼"
五代名将王彦超

图9-5 村落布局

房上飘荡，小河在美丽的村庄旁流淌"。两个金东的"孩子"，不约而同地赞美与歌唱祖国母亲、希望大地，这也是金东人民发自内心的期望。金东的山、水、林、田、溪丰富多彩，水稻、苗木、林果、蔬菜等大地景观不仅是自然和幸福的底色，更是金东大地的亮色。

2. 在金华触摸乡土中国

金东这片土地，自古耕读文明底蕴深厚，有宋濂潜溪苦读，施家故居"半耕半读"门额题匾，这里也保留了中国乡土最基本的村落之美（图9-5）。

3. 在金东感受婺州文化

婺州文化是浙江省的一个文化地标，文化深厚且丰富多彩，包括传统美食、传统建筑、手工艺品、戏曲表演等。本项目将建筑作为主要的表现手法，通过对现存建筑的研究和梳理，将婺派建筑归纳出五花马头墙、三间敞口厅、一个大院落、千方大户型、百工精装修等特点，而现代乡土建筑中，则将充分运用古建中的元素和现代生活需求相融合，使之更符合现代人的需求（图9-6）。同时在婺州文化中的非遗文化、庙会集庆、婺州二十四节气活动也有广泛的群众基础，活动蓬勃发展。为了配合这些活动，将在设计方案中保留这些项目的活动空间。

三、品牌定位

本项目根据当下政策导向，结合当地地域文化特色，以发展休闲空间为目标，遵循生态保护原则，将农产业与旅游业相结合，促进乡村生产力转型升级，全面推进乡村经济、文化、生态的发展。

图 9-6　婺派建筑特点

乡村景观定位品牌为：大美郊野，八仙积道。

项目总体定位为：八仙积道共富带。

"八仙积道"共富带的"八仙"二字，取自八仙溪。八仙溪发源于武义八仙山，全长 28 千米，流经岭下镇新亭村、河口村、釜章村、王溪村等村，于江东镇横店村右岸并入武义江，在金东境内共 14.7 千米。八仙溪在金华范围小有名气，比如大家熟知的婺剧名曲《僧尼会》的故事就发生在八仙溪的相遇桥上。"同饮一江水，共赏八仙美"，八仙溪水质常年保持在 Ⅱ 类以上。古人一直有"以水为财"的思想，遇水则发，盘活八仙溪资源，让岭下母亲河转化为村民们的共富河。

四、项目体系

完善郊野公园的功能，将共富带景观区域设定为郊野公园，既有乡村的原乡郊野特点，满足休闲功能；也有现代的时尚性，满足户外活动的需求，将时尚郊野、原乡郊野、户外郊野、休闲郊野四个方面进行了融合。

郊野公园指作为保育环境及康乐用途的公园，源于 20 世纪 70 年代，其主要功能有健身、漫步、远足、烧烤、露营、家庭旅行、研学、动植物认知、企业村、家庭村等。

根据共富带的特点，项目提出四个方面、十二个具体内容。分别是乡土三看：百年中国、浙中村落、花园乡村；大地三看：乡土田野、郊野湿地、艺术苗圃；乡创三看：白色森林、青创民宿、乡创中心；健康三看：时尚马术、乡土骑行、溪畔露营（图 9-7）。

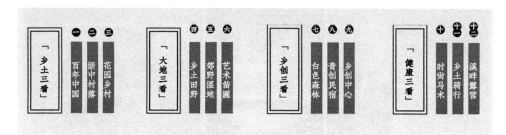

图 9-7　乡土十二章

　　项目整体规划为一环三村两带九景，从乡土景观、大地景观、乡创中心、健康需求四个方面，设置十二节点。一环为乡土中国骑行线；三村为诗后山—岭五—釜章；两带为八仙溪休闲带、积道山康养带；九景为岭豆豆农园、坡阳老街、省运会马术场馆、乡土大地公园、积道里、釜章百院、王溪湿地、白色森林生日小镇、天圣禅寺（图 9-8~ 图 9-11）。

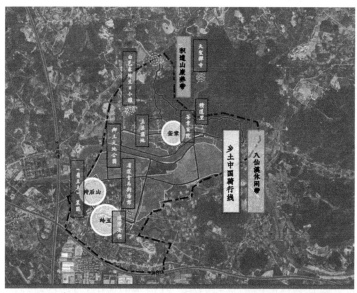

图 9-8　八仙积道共富带格局结构

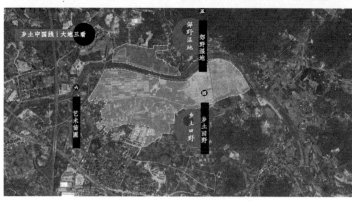

图 9-9　大地三看布局

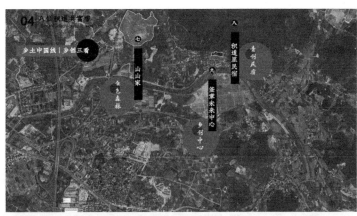

图9-10　乡创三看布局

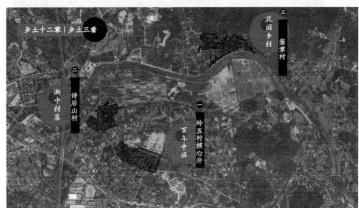

图9-11　乡土三看布局

第三节　节点设计

一、老街入口设计

　　金东区岭下镇坡阳古街，有着"浙中第一古街"的美誉，是江南古镇古村落的活化石。旧时是一条上通丽水、台州、温州，下达金华、衢州、严州的陆上交通要道，因此非常繁华热闹。从宋朝开始便已形成雏形，久而久之，便形成了一条繁华街市，人们将其命名为"坡阳街"。沿街古迹众多，上街有大王殿、观音阁，及时新井；中街有关公庙旧址、医学大家、生物学家，中科院院士朱壬葆纪念馆；下街有明代画家朱性甫故居、朱氏宗祠原址等。该街上头与坡阳岭水阁塘相连接，下方与洋埠（元宝）塘、文昌阁旧址、追远亭相呼应，充分显示出坡阳街的古韵风采（图9-12）。

　　街道中间用青石板铺就而成，旧时方便独轮车的行走；左右两侧铺有小青砖，千百年来青砖依旧排列规整，布局紧凑。前人无数次地用双脚打磨，路面早已光泽润滑，这些足以证明这条街道的古老与沧桑。两旁的古建筑以坡阳街为轴对称建造，大多是徽派建筑风格，白墙黛瓦，古色古香，可追溯到明末清初。通过对古街路面修复、巷道提升改造、房屋外立面及内部结构修缮等方式，保留了原本的街巷肌理，同时也保留了传统古民居风格（图9-13~图9-16）。

图9-12 老街场地位置

图9-13 老街现状

图9-14 老街入口

图9-15　老街街景

图9-16　老街夜景

二、乡土大地公园

乡土大地公园由乡土露营地、乡土研学中心、乡土集市、郊野湿地、连片田野等几部分组成，为旅游核心区域。

乡土大地公园中的乡土露营地位于八仙溪南侧王溪湿地附近，规划建造近176亩的露营基地，计划配套热带水果种植区、乡土作坊、乡土研学中心、水岸餐厅、无动力乐园，另还设有沙滩营地、花海、剧场营地（帐篷）、集市营地等景点，形成一二三产（种植、生产、旅游）联动基地，将成为农文旅发展、农业科技加持"联动聚富"的生动案例（图9-17~图9-24）。

图9-17　乡土大地公园位置

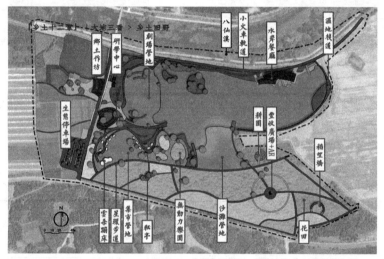

图9-18　乡土露营区域平面布局

图9-19　乡土露营地鸟瞰

图9-20　乡土研学中心

图9-21　南入口

图9-22　民宿

图 9-23 耕园

图 9-24 乡土小火车

三、郊野湿地公园

利用项目所在地的环境优势打造郊野湿地公园，主要功能为健身、漫步、远足、烧烤、露营、家庭旅行、研学等，打造时尚郊野、原乡郊野、休闲郊野场地，在郊野湿地公园的设计上强调"野趣"的打造，在植物配置上考虑不同植物对水深、水位变化和土壤条件的需求，合理布置植物以适应不同的水文环境。植物种类的选择上，强调使用本土植物和植物的多样性，打造多样性的生态环境（图 9-25～图 9-28）。

四、道路设计

项目中对道路进行了整体的规划，根据不同的道路等级、道路类型进行不同的设计，并对道路周边、道路重要节点进行整体设计，在提升道路通过性的基础上打造出道路景观系统（图 9-29～图 9-34）。

图 9-25　湿地露营

图 9-26　溪滩塘人家

图 9-27　湿地食坊

图 9-28 咖啡书房

道路系统 > 岭河线

· 现状问题
■ 现状道路两侧为农田、苗木林，视野开阔但杂乱。
■ 缺少有章法的绿化景观。

· 初步设想
■ 道路一侧保留形态较好的苗木，去除堆积或扎乱的杂木林；一侧视线向农田打开，保留造型特别好的苗木
■ 道路设3米骑行道，两侧设1.5米花带。

· 景观意向图

图 9-29 道路设计

图 9-30 岭河线现状

图 9-31 岭河线效果

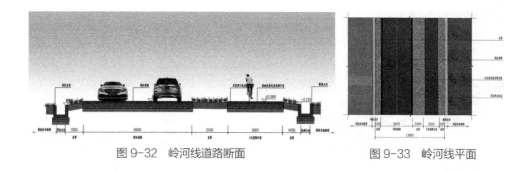

图 9-32　岭河线道路断面　　　　　　　图 9-33　岭河线平面

图 9-34　道路入口节点

五、公共艺术设计

　　方案上将公共艺术融入乡村景观设计中，从而更好地丰富景观的艺术。以稻穗的造型观景台，将传统的农耕文化与现代景观相结合（图 9-35）。

　　在景观设计中将科技充分融入其中，并结合当下的 AR 技术，打造 AR 景观。设置 AR 景观台，采用传统的日晷造型，形成传统与现代的碰撞（图 9-37、图 9-38）。

图 9-35　造型平台

图 9-36　AR 观景台

图 9-37　AR 效果

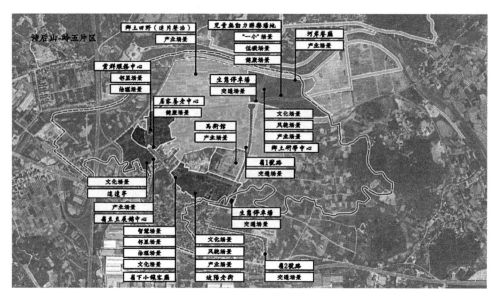

图 9-38　未来场景打造

第四节　设计亮点

　　从 2003 年"千万工程"到 2019 年新时代美丽乡村，浙江农村建设一直引领着全国农村建设事业的发展。2019 年浙江省政府工作报告首次提出"未来社区"的概念，并出台《浙江省未来社区建设试点工作方案》，到 2021 年全省"未来乡村"建设呈现如火如荼态势。随着"未来乡村"建设推进，省、市各级政策配套不断完善，"未来乡村"无疑是浙江在新时代"示范窗口"背景下乡村建设的全新探索。未来乡村是基于生态低碳、田园栖居、数字赋能、改革创新、科技支撑，对乡村空间、产业发展、人居环境、基础设施、乡风文明、乡村治理等进行系统重塑，从而引领乡村新经济、新治理、新生活，主导乡村新观念、新消费、新风尚，催生乡村新业态、新模式、新功能。通过"一统三化九场景"（"一统"就是以党建为统领；"三化"就是人本化、生态化、数字化；"九场景"就是打造未来产业、风貌、文化、邻里、健康、低碳、交通、智慧、治理场景）作为依托来建设未来乡村，其终极目标是全面实现乡村振兴及共同富裕。

　　未来乡村的九大场景在项目中均有涉及，将场景进行系统整合、分类，通过产业调整谋求产业发展之路，通过环境提升打造低碳场景、风貌场景；通过交通场景、治理场景改善民生；邻里场景、健康场景、文化场景的打造体现了乡村文化兴盛；数字赋能融合于产业、环境、民生、文化板块中（图 9-38）。

　　"戏水八仙溪、骑行积道山，步步有景致、处处似桃源。"一方水土养一方人。9.14 平方公里积道山"蔬果香堤"八仙溪风貌区内，特色富民产业体系建设健全，景观、产业、文化相互融合，耕耘、发展、振兴相得益彰，一幅由"美"到"富"的画卷就此铺开。

第十章

赤土村改造规划设计

第一节　项目背景

一、区位分析

　　赤土村位于浙江省绍兴市新昌县，距杭州一千多公里，县境东邻奉化、宁海，南接天台，西南毗连磐安、东阳，西北与嵊州接壤。新昌县内多数以山脉分水岭为界，界线清楚，县境东西相距 52.3 千米，南北相距 36.9 千米，全县陆域面积 1212.7 平方千米。赤土村距离街道办事处 9 千米，104 国道穿村而过，交通便捷，村域面积约 1 平方千米，目前共有农户 161 户，总人口 438 人。全村现有耕地 228 亩，山林 819 亩，其中茶园 53 亩，水田 138 亩，旱地 89.2 亩，村域 80% 以上为山岭，是一个典型的山区村庄（图 10-1）。

　　新昌县地处浙东丘陵地带，天台、四明、会稽诸山余脉绵亘境内，地势由东南向西北呈阶梯形下降。县境东南部为崇山峻岭，中部和西部为丘陵台地，西北部为河谷盆地。全县地貌有"八山半水分半田"之称。赤土村位于新昌县城东南，村域 80% 以上为山岭，是一个典型的山区村庄，由于地形的限制，具有山区村庄特征的赤土村的交通相对不便。山路弯曲崎岖，交通工具受限。这也是一个影响山区发展和联通的挑战。赤土村有丰富的自然资源，包括森林、水源、草原等。这些资源对于当地居民的生计和生活至关重要。由于地形复杂和生态系统的脆弱性，赤土村更容易受到自然灾害如山体滑坡、泥石流的影响。因此，生态保护和风险管理对于赤土村的可持续发展至关重要。

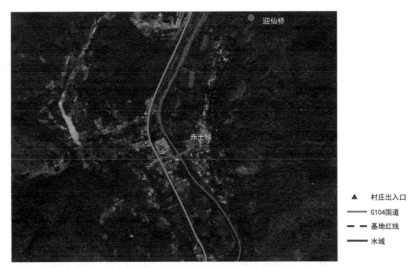

图10-1　地理区位

赤土村当地气候属于亚热带季风气候，地处中、北亚热带过渡区，温和湿润，四季分明。春夏初雨热同步而盛夏多晴热，秋冬光温互补，灾害性天气较多。同时具有典型山地气候特征，水平、垂直方向差异明显。

二、现状分析

1. 景观资源

新昌县景观资源丰富，人文古迹众多，素有"东南眉目"之称。境内有大佛寺、穿岩十九峰、沃洲湖—天姥山三个省级风景名胜区。霞客古道因《徐霞客游记》而名，途经宁海、天台、新昌三县，新昌段位于天姥山省级森林公园内，沿途有斑竹、会墅岭、天姥龙潭、清凉寺等古村古庙，是"霞客森林古道"的精华地段。全国重点开放寺院大佛寺，系南朝古刹，以拥有江南第一大佛——石窟弥勒像和1075尊小石佛而名扬海内外。穿岩十九峰的峰峦幽谷、飞瀑流泉、小溪碧潭，展示了优美的自然风光和山水神韵。沃洲、天姥的湖光山色为历代文人墨客向往的栖止之地。从东晋、南朝的佛教文化到唐代的诗文化，新昌承载了两座文化高峰。

赤土村拥有丰富的自然植被、山地、湖泊等，形成了独特的自然生态环境。赤土村植物物种丰富，包括特殊的花草、树木，这些植物可以成为吸引游客的亮点。不同季节植被景观有着不同变化，如春季的花朵绽放、夏季的绿草葱茏、秋季的彩叶、冬季的雪景等，可以为游客提供丰富多彩的观赏体验，增添游玩趣味性。赤土村地区的独特景观还包括农田、果园等农业景观，丰收的季节会形成独特的田园风光，这些都为赤土村发展农旅奠定了基础。

2. 历史文化

新昌的人类活动足迹可追溯到新石器时代。东汉末年，大批中原士族避乱南下，移民逐渐取代了最早的土著居民，山越人成为本地的主要居民。佛道文化、唐诗文化、茶道文化源远流长，对项目产生了较大影响。

佛道文化：新昌佛道分为"佛学之宗"和"道教之兴"两个单元。魏晋时期，新昌吸引了大批高僧名士聚集，也促进了此地佛教、道教及名士文化的大发展大繁荣。大乘般若学分六家七宗，五家在新昌产生，其代表人物也长期在新昌栖居。因佛门巨擘竺潜和支遁，新昌成为当时全国的佛教中心。佛教寺庙、道观等仍然是人们寻找内心平静、修身养性的场所。佛教的教义、禅修等实践也在当代社会中得到更多的发展，成为心理健康领域的一部分。

唐诗文化：唐诗作为中国文学的巅峰之作，在当代仍被广泛传颂。新昌作为浙东唐诗之路精华所在，"天姥连天向天横，势拔五岳掩赤城。"诗仙李白一首《梦游天姥吟留别》千古流传，也奠定了新昌在浙东唐诗之路中的显赫地位。

茶道文化：新昌旧称剡东，自古盛产名茶"剡茶"，历代诗词中常有提及。两晋时期，十八高僧在剡东品茗悟禅，兴起"佛茶之风"。长居于此的支遁当年兴建了沃洲精舍，开凿了"支公泉"，被誉为"佛茶之祖"。"支公茶风"影响深远。新昌县拥有中国茶乡的美誉，有着悠久的茶文化历史，底蕴深厚，别具特色。

这些文化在当代社会中不仅是历史的传承，也是当代生活的一部分。它们在文学、宗教、艺术、生活方式等方面都对人们的精神世界和文化认同产生深远的影响。同时，这些文化也在不断地与现代社会相互融合，形成新的文化表达形式。这些文化在赤土村得到了很好的保存与继承，多元化的文化元素以及新昌县赤土村民俗民风的个性化色彩，是发展新昌茶文化旅游取之不尽的源泉。唐诗之路、佛教之旅和茶道之源这三大文化现象在新昌赤土历经千年沉淀，深沉厚重而且历久弥新，独树一帜又混合交融。

3. 经济分析

新昌县依托优越的旅游资源、良好的区位条件和产业扶持政策等，旅游产业已成为新昌县的主导产业和经济高质量发展的新动能，对全县社会经济发展的带动作用日益增强。

赤土村重点发展农业种植业，产业结构单一，目前村民主要经济收入来源茶叶种植出售，村庄旅游资源处于待开发状态，缺乏发展乡村旅游的配套服务条件，游客较少，但赤土村有着保存完整的传统民居，有依山带水的秀美自然，乡情浓郁的民风习俗，这些是积极发展的特色产品，具备打造休闲文化旅游的重要条件。

近年来乡村振兴在全国范围内进展如火如荼，赤土村也积极响应政策号召进行产业结构转型升级，发展第三产业结构经济，发展旅游产业不只是国家政策号召，更是赤土村村民的全体共同意愿。发展乡村旅游可以更好地丰富赤土村产业结构，改善村民经济，生活环境水平等。

三、建筑现状

赤土村主要以砖房、木房、夯土房为主，其中砖房建筑占主流部分。古建筑形制较多，规格齐全，大小不一，风格各异。这些建筑较好地反映出当地的地理条件、生活水平、建筑材料、生活习惯、审美观点等。

赤土村是一个典型的山区村庄，山区村庄的建筑特点通常受到地理环境、气候条件、文化传统等多方面因素的影响。由于山区地形多为崎岖起伏，赤土村的建筑通常顺应坡地，采用梯田式的布局或多层次建筑，以最大限度地利用土地，并降低对地形的破坏。赤土村的建筑还采用木结构，因为木材在当地丰富，且更容易适应地震和气候变化。同时为了适应山区地势，赤土村会有错落有致的小巷弄，方便居民行走（图10-2）。

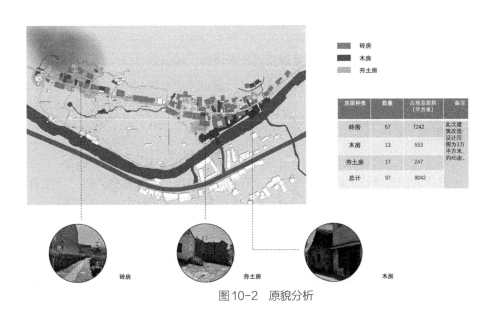

图10-2 原貌分析

第二节 设计策略

一、设计原则

综合考虑赤土村乡村景观特点和存在问题，在进行乡村景观设计时，重点考虑以下基本原则。

1. 整体性原则

赤土村村域面积广，空间类型丰富，设计时既要考虑局部空间的景观效果，也要考虑与整体村落风貌的统一，注重古村落历史脉络的延续，使各个节点景观空间拥有一定的连续性，成为协调统一的有机整体。

2. 保护性原则

赤土村历史悠久，属浙东唐诗之路，在村落的保护发展过程中，应坚持保护第一的原则，对村落中的历史建筑、历史环境要素等有形的物质环境，以及生活现态、特色技艺、风俗民馆等无形的非物质文化遗产等，均应进行整体保护。在此基础上，合理利用、调配相关资源，发展乡村旅游、特色农业等相关产业。

3. 效益性原则

赤土村资源丰富，有一定产业基础，设计时应关注当地资源系条件、经济发展和生活现状，在保护物质环境与非物质文化遗产的同时，设计用于发展经济的空间，并将相关要素有机地联系在一起，为村民带来实际效益。

4. 融合与发展原则

赤土村农业资源丰富，建议在发展旅游产业同时，将景观设计与赤土村农业发展融合，例如农业观光、乡村旅游、特色茶产业等，促进产业升级，提高农村经济收益。

二、设计理念

赤土村作为浙东唐诗之路的重要节点，有着悠久的历史文化底蕴。以"延续唐诗之路文脉"为项目设计理念，依托新昌得天独厚的地理条件与浓厚的历史人文沉淀，为赤土村注入灵性与内蕴，助力浙东唐诗之路的行程。讲好唐诗之路故事，发挥出传播文化的新乡村作用。

围绕赤土村历史文化唐诗之路打造优美人居环境，营造悠闲的生活方式的目标要求，以"千村示范、万村整治"工程建设为载体，把保护利用历史村落作为建设美丽乡村的重要内容。优化美化乡村人居环境，适度开发乡村休闲旅游业，把历史村落培育成为与现代文明有机结合的美丽乡村。

主要有以下几点优势：机遇优势——乡村旅游近年来热度不断升温，赤土村其上位旅游规划中属于重要一环；区位优势——在区位上赤土村毗邻多个景区，客源资源丰富；资源优势——村内有着优质的民居建筑和自然景观资源；改造优势——村庄内部及周边场所、建筑适于改造，可以提升当地本土文化之旅。

图10-3　设计理念实施策略

当前市场需求为对休闲文化旅游、文化保护、文化传承、特色的乡村旅游体验以及乡土购物的需求。赤土村应进行产业结构优化，提升产业附加值，发展文化旅游产业，将文旅与农业相结合实现产业联动。将自身优势与现有短板互补发展，完善村内基础旅游设施，提升整体村落风貌，更好地迎接新机遇的到来（图10-3）。

三、建设目标

1. 村庄保护和修复

对村落中具有较高历史文化价值和具有鲜明历史印记以及具有显著地域特色的传统建筑物、构筑物，提出科学的保护和修复策略，通过设计再现其营建历史悠久、建材用料讲究、建造工艺独特、建筑样式典雅的传统风貌乡村。

2. 文化的弘扬和延续

充分挖掘民俗文化等文化元素，全面收集整理村落内祭典、节庆、饮食、戏曲等无形文化元素，在设计中充分体现文化民俗元素、延续民俗风情、展现淳朴民风，以提升村民的文化素质，丰富精神文化生活。

3. 环境整治和配套

充分考虑当地居民提高生活质量的需要，通过科学的规划设计，完善村落的公共服务和基础设施。对开放空间及周边建筑和环境进行综合设计，选用乡土树种开展村庄绿化，营造洁净、优美的村貌环境。旅游发展和建设方面，充分利用村落在乡土文化、生态环境等方面的资源优势，以乡村休闲旅游业为载体，合理配置旅游资源，完善服务配套设施，通过设计提升历史村落对城乡游客的吸引力，为当地村民创业就业拓展渠道，带动乡村第三产业的蓬勃发展。

4. 保留原有建筑和翻新建筑

保留原有建筑有助于保护乡村的文化遗产，传承历史记忆，更好地展示赤土村唐诗之路的文化底蕴。翻新原有建筑，尤其是运用当地建筑材料，有助于减少能源消耗，降低对环境的影响，符合可持续建筑的理念。当地建筑材料往往具有独特的地域特色，通过运用这些材料进行翻新，可以保持乡村建筑的独特风貌，反映地域文化。利用当地建筑材料进行翻新可以降低建设成本，提高建筑的经济效益。保留原有建筑有助于维护居民的生活记忆和传统，提高赤土村村民对自己居住环境的认同感，促进赤土村的稳定发展。

第三节　方案设计

一、规划布局

从景源特征、资源挖掘、保护要求和文化传承入手，注重赤土村村落历史脉络的延续，在维持现有山水格局的基础上，进行空间功能布局的重塑。

规划赤土村空间格局为通过陆路和水路进行串联，强调各个节点的环境改造，利用空间高差和本土化的材料，来提升传统氛围。在赤土村乡村改造规划设计中增设了供给游客休憩、观景、体验文化等活动场所，在文化旅游方面还增设了旅游基础设施如停车场、接驳车等。在乡村改造规划中不单单要考虑到旅游设施，还要考虑到当地居民的生活环境，在保留原有建筑、文化等不变的前提下进行创新，运用赤土村当地的建筑材料对古建筑进行翻新，设置村民聚集广场，为村民提供交流娱乐等活动场地（图10-4）。

1.茶室	2.村口
3.停车场	4.古驿道
5.曲廊	6.谢公堂
7.起云台	8.知育书院
9.圈廊	10.七彩水田
11.接驳处	12.文化中心
13.灵运街	14.义井亭
15.研学基地	16.文坊
17.沁芳台	18.花海田园
19.春泽斋	20.花海田园
21.湖光榭	22.文化廊

图10-4　总平面

二、交通规划

赤土村村民居住区保持不变，在原有基础上增设引领驻足区，引导游客完善乡村旅游线路。设立农耕体验区，丰富乡村旅游互动性；设立七彩花田区，提升整体自然美感；设立商业街区，改善单一产业结构；增设临水休憩区，充分利用赤土村自然水域，亲近自然，修缮古栈道，宣扬这条唐诗之路。

1. 交通流线

村内交通道路系统主要由车行道、古村巷道及田园绿道组成。

车行道：村内车行道主要依托现状车行道路基础，同时贯通石阜公园与西侧车行路，以及石合村委会之间的道路，贯通古村西北侧道路。规划车行道路连接村落东入口及七彩田园景点。

古村巷道：引导乘客从西南侧的村委会、东侧的七房弄、北侧的老校址进入古村内部；保留村落核心保护范围内的街巷走向，对街巷进行必要的整治，形成街巷步行游览道路，进行路面改造，以卵石和石板铺设路面。

田园绿道：设置山路、水路串连周边山体、水榭、田园风光观光点，形成贯通主要景点的游步道系统。保持原本乡道不变，增设山路、水路和人行路，利用场地自有高差，营造视觉感官，达到移步异景的效果。

2. 游线组织

基于历史文化村落保护利用规划，依托赤土村旅游资源，策划设计浙东唐诗之路历史风情，规划旅游景观路线。景观路线由村口—茶室—曲廊—起云台—圈廊—古驿道—谢公堂—知育书院—七彩水田—接驳处—文化中心—灵运街—义井亭—研学基地—文坊—沁芳台—花海田园—春泽斋—花海田园—湖光榭—文化廊构成完整的闭环景观动线（图 10-5）。

三、节点设计

1. 景观节点设计

赤土村景观节点的设置有助于保留赤土村的历史文化，凸显传统建筑、风俗习惯等独特的地方特色，从而传承和弘扬当地的文化。美丽而独特的景观节点能够吸引游客，推动乡村旅游业的发展，带动当地经济，提高居民的生活质量。可以通过美化环境、改善公共空间设计等手段，提升乡村的整体空间品质，使其更宜居、宜游。景观节点通常是人们聚集的地方，有助于促进赤土村的凝聚力，提高居民对乡村的

图10-5　交通分析

认同感和归属感。合理设置的景观节点有助于乡村的可持续发展，通过吸引游客和提升居住环境，促使乡村更好地适应现代社会的需求。

　　在整体赤土村设计改造下，在赤土铺临溪的一侧，打造一条具有当地风情特色的商业街，使游客对当地文化可以进行更加深入了解，游客可以购买乡土特产，累了可以在廊桥上欣赏水景，倾听水声，感受自然。这将改善单一的产业结构，促进乡村经济发展。

　　在整体赤土村改造中，村民的生活习惯、居住环境也应受到重视（图10-6）。在赤土村原有的篮球场地上，改造一些传统戏曲、民俗表演之地，供村民茶余饭后消遣娱乐，做到文化传承（图10-7）。

　　村庄文化礼堂也是重点设计的一部分。礼堂设置在村庄的出入口，对其进行改造，使其具有村民办酒宴、办公和接待游客的功能。在上述设计上都采用了当地的建筑材料，就地取材既节约成本又能充分体现赤土村当地文化，把握整体设计风格不跑偏。屋顶选用小青瓦，因为小青瓦一般取自于黏土，可就地取材，造价低廉。小青瓦历史悠久，具有素雅、沉稳、古朴、宁静的美感。小青瓦具有黏土厚重的天然本色，质地细腻，质朴自然，富有艺术气息。小青瓦常以交叠方式铺设屋顶，隔热性能良好。墙面选用仿木装饰，用白色涂料粉刷，同样达到节约成本、风格统一的效果（图10-8）。

　　村庄有一处石碑，石碑在赤土村可以作为一个文化标志，因此在这里打造了一个茶亭，人们经过此处可以停下来歇一歇脚，品一品山中之茶，欣赏村中美景，感受历史文化。选用本土植物竹子作为茶亭主要材料，运用现代工艺技术设计成一个倒立的漏斗式的形状，意在表达赤土村随着时间的流逝，文化仍在延续，不会出现文化遗失的情况（图10-9）。

木头龙骨　　　用白色涂料粉刷　木栏杆　　　　屋顶选用小青瓦

图 10-6　临溪景观带

活动广场　　　　木栏杆　增加挑檐　窗框选用仿木　立柱用仿木材料　屋顶选用小青瓦　用白色涂料粉刷

图 10-7　广场节点

乡村环境设计

图10-8　文化礼堂

图10-9　茶亭

2. 建筑改造设计

（1）第一段改造设计

第一段建筑改造从小树林段至村西口，全长约 160 米，对村里的砖混建筑进行设计改造，并取代表建筑罗列展示，对夯土房提出修整建议，设计花海景观和文化广场，统一建筑风格，提高居民生活舒适度。首先在建筑上屋顶选用小青瓦色，统一建筑屋顶风格，增加挑檐，增加层次感、修饰门窗，白色涂料对墙体颜色统一粉刷处理，木头窗框、格栅修饰纵长外墙面，修饰空调外机（图 10-10）。

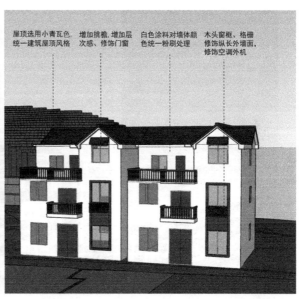

案例 1

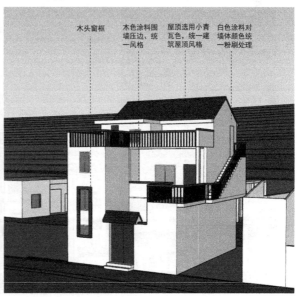

案例 2

图 10-10 第一段建筑改造设计

该段地区景观资源方面拥有高落差菜田，以及低利用率的荒地，将高落差菜田改成花海景观，将地理劣势转化为优势，通过高差营造错落有致的花海景观，以及将低利用率的荒地改造成下沉式广场，将荒地再次利用，供村民游客使用。

（2）第二段建筑改造设计

第二段建筑改造从礼堂至小树林段，全长约170米，对村里的砖混建筑进行设计改造，并取代表建筑罗列展示，对夯土房提出修整建议，设有两处景观，统一建筑风格，提高居民生活舒适度（图10-11）。

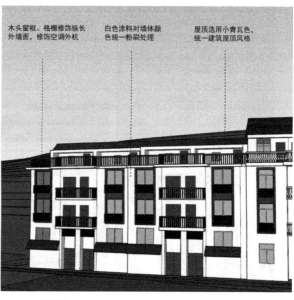

案例1

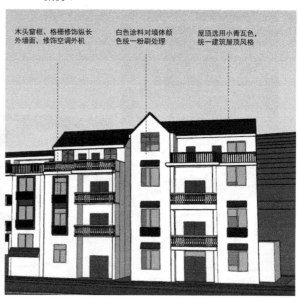

案例2

图10-11 第二段建筑改造设计

景观上有凌乱的堆满杂物的小路，以及自然生长的植物，极大程度上影响了赤土村的自然景观，因此进行人为有计划的干预，将凌乱的小路整理干净并在道路两侧栽种植被，营造一种静谧的林荫小路。对一些自然生长过于狂野的植物进行人工修剪，从而达到设计目的（图10-12）。

（3）第三段建筑改造设计

第三段建筑改造从入村石桥直至村东口，全长约190米，对村里的砖混建筑进行设计改造，并取代表建筑罗列展示，对夯土房提出修整建议，设有两处景观，同一建筑风格，提高居民生活舒适度。增设景观墙、景观长廊等公共基础景观设施（图10-13、图10-14）。

凌乱的小路

幽静的道路

图10-12　配套景观设计

图10-13　第三段建筑改造

自然生长　　　　　　　　　　　　山美人和

荒废的土地　　　　　　　　　　　素雅的花境

图 10-14　配套景观设计

第四节　设计亮点：唐诗之路上的乡村今生

　　2019 年浙江省人民政府提出"以诗（诗词曲赋）串文""以路（水系古道）串带"分别绘就浙东唐诗之路、大运河诗路、钱塘江诗路、瓯江山水诗路"四条诗路"。在四条诗路中，"打造唐诗之路黄金旅游带"成为浙江"全域旅游推进工程"重点内容和"大花园建设十大标志性工程"之首。一方面，在浙东地区这样一个呈线形或带状区域内，唐诗之路通过文学诗词在艺术性、文化性、思想性和传播性等方面的作用，与本区域内丰富多元的自然与人文资源持续叠加、融合与延展，形成了遗产族群。在生态文明时代背景下，可以充分发挥其重要的教育和游憩价值，形成与浙东唐诗之路相关的各种教育、交流与对话机会，促进各类人群对于浙东地区自然山水与历史人文的系统认知。另一方面，浙东唐诗之路位于浙东高密度人口地区，纵贯南北，沿线自然风光秀美、物质和非物质文化遗产丰富，因而这条文化线路也是涵盖 20 个市县的唐诗主题黄金旅游线。以唐诗为纽带，浙东唐诗之路可将杭州、绍兴、临海等国家级历史文化名城，西兴镇、鄞江镇、慈城镇、前童镇等国家级历史文化名镇，嵊州华堂村、新昌班竹村、天台张思村等国家级历史文化名村，会稽山、天姥山、天台山、四明山等文化名山，以及丰富多样的自然与人文资源串"珠"成"链"，在很大程度上带动沿线区域文化旅游的协同发展。同时，通过"以诗为脉"的挖掘和培育历史经典、文化创意、休闲康养、非遗体验、特色物产等产业，也可以极大地促进沿线城镇与村庄文化旅游经济的一体化和高质量发展，从而提升沿线人民群众生活品质，实现诗路沿线区域、城乡之间的均衡发展。

一、文化与设计的结合

1. 文化传承与融合

唐诗作为中国文学的瑰宝，有着深厚的文化底蕴。将唐诗融入乡村景观规划中，可以传承和弘扬中华文化。通过在赤土村村中设置诗碑、诗廊等文学艺术的标识，使乡村环境与文学传统相融合，为村民和游客提供中国文学的沉浸式体验。

2. 打造独特乡村形象

利用唐诗中描绘的山水、田园、人文景观等元素，规划和改造乡村景观空间，创造出独特的乡村形象。这种形象不仅能够吸引游客，还能够增强村民的村庄归属感。

3. 激发创意与灵感

唐诗蕴含丰富的意象和情感，将这些意象融入乡村景观改造设计中，可以激发游客的新意境。有助于打破传统乡村景观改造的千篇一律，创造出更具艺术性和独特性的乡村环境。

4. 提升乡村品质和宜居性

美化乡村环境是提升乡村品质和宜居性的重要手段之一。在规划中融入唐诗的元素，创造出兼具美感和实用性的公共空间，有助于提升乡村的整体美观性和艺术性，吸引游客呼应主题。

5. 普及文学教育

在乡村环境中设置展示唐诗的标牌、雕塑等，可以为村民和游客提供文学教育的机会。这有助于普及文学知识，培养村民的文化认同。

6. 促进文学创作与艺术活动

通过乡村规划中的文学元素，可以为文学创作者提供灵感和素材，推动文学创作的繁荣。同时，这也为乡村文化活动提供了丰富的背景和资源。

总体而言，唐诗与规划、环境改造的结合可以赋予乡村更深厚的文化内涵，丰富乡村的精神生活，提升城市的吸引力和竞争力。这种融合不仅能够满足人们对于美好乡村环境的向往，还能够促进文学艺术的传承与创新。

二、村内建筑升级

赤土村改造在保留原有建筑风格的基础上，对外观、功能进行了升级，通过现代化处理保留原有建筑形式，传承历史和文化的价值。使用原有建筑材料有助于保护建筑的历史性，将承载过去的文化传递给往后的世世代代。每座历史建筑都有其独特的故事，保留它们可以使人们更好地了解过去的生活方式、社会背景和文化发展。保留历史建筑形式有助于赤土村形成多元、丰富的乡村面貌。使乡村在同类乡村竞争下更具吸引力，吸引游客和居民。保留历史建筑可以增强村民对村庄历史文化的认同感，使其在历史和传统文化中找到归属感。通过更新、翻新而不是拆除建筑，可以减少资源浪费。维护现有建筑通常比拆除并建造新建筑更加节能环保。

现代化处理时，可以利用新的可再生能源技术、能效改进等手段，提高建筑的可持续性。保留原有建筑形式通常比兴建新建筑更经济实惠。

具有历史性的建筑可以成为文化旅游的重要景点，为乡村创造经济效益。保留原有建筑形式有助于维护乡村的连续性，避免乡村中断。这有助于形成具有活力的社区，保持人们之间的联系。总体而言，保留原有建筑形式进行现代化处理可以实现历史文化的传承、提高乡村可持续性、创造经济效益，同时保护乡村面貌和社区的社会活力。

第十一章

问政村公建改造设计

第一节　项目背景

一、区位及现状分析

问政村隶属于安徽省黄山市歙县，位于皖南地区，距县城 2 千米，交通便捷。东北有承旧岭高眉尖，西南以鲍川半山为屏，周围有凤形、燕形、虎形、鸡形等小山拱卫，山势如翔鸾舞凤。问政村西南方为五魁山、南山等自然山水景区；北边有问政古道、庆钟楼、斩尾龙遗迹等景点；西临新洲公园、徽州古城；南有白云禅院、新安江。丰富的旅游资源使问政村具有优质的旅游发展条件，但同时在日益精进的竞争环境中，没有较高知名度的 IP 形象和高质量的自身特色品牌，也是问政村面临的严峻问题（图 11-1）。

问政村地理现状较为自然，保留了大部分生态环境和自然景观，因为经济或地理原因限制，人为开发不彻底，现有设计规划并不能为村民提供更加便捷富足的生活。村庄布局规划简单，在道路建设上存在"混凝土宽马路"、路面与土地衔接粗糙和路面不能满足运货要求等情况；民居建筑简单，缺少文化特色，村庄风貌缺少具有历史、地理、人文等方面的体现；村内缺少活动集散平台和活动中心等功能性建筑，本次改造主要针对问政村现状以及与未来规划相矛盾的问题。

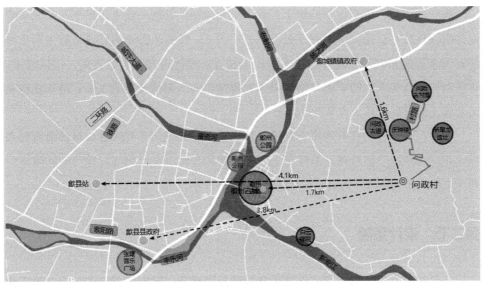

图 11-1 问政村周边旅游资源分布

二、资源分析

1. 自然条件

问政村地形地貌主要由山地、丘陵、平原和水系组成；其中山地和丘陵占据了大部分面积，平原和水系则分布较少。问政村整体气候属于亚热带季风气候，四季分明，雨量充沛。村庄所在的黄山山脉以南主要是次生的常绿与落叶阔叶混交林和沟谷常绿林，灌丛多属次生植被类型。低海拔区域有法梧、白杨、刺槐、柳树、樟树、银杏等树种，以及大量马尾松、油桐、干果等经济林，茶桑果麻等经济作物和竹类。

2. 经济条件

问政村共有村民 319 户，1095 人，耕地 391 亩（0.261 平方千米），竹林 1500 亩（1 平方千米），人均收入约 8062 元。以前的问政村依据山地资源的优势，以销售竹笋和蔬菜等农作物为主要经济收入来源。近年来问政村根据所属徽城县的规划，挖掘当地农文旅精品资源，以具有地域特色的问政山笋为招牌，带动乡村农作物销量，助力乡村建设和产业发展，推进宜居宜业的美丽乡村建设。

3. 人文历史

歙县为国家历史名城，秦朝置县，宋设徽州府，是古徽州的政治、经济、文化中心，问政村具有知名的问政文化。

据史料记载，元至正十八年十二月，朱元璋在歙县籍一谋士帮助下，反元斗争取得阶段性胜利。朱元璋为更好更快地平定天下，便听从谋士的建议带领大军十万经宣州来到徽州，特驻扎在问政玉屏山宝相寺，在那里召见故老耆儒，问以政事。这些治国平乱稳天下的军政方略深受朱元璋赏识，当即授其尊酒、束、帛，还特邀请老儒士们进京做客，力举参议国事。

其中广为流传的还有斩尾龙挂纸，代表了孝道文化，还有问政村自晚清后时兴养三花"珠兰花、白兰花、茉莉花"而形成的花文化以及因问政村独产的问政贡笋而产生的贡笋文化。

第二节　设计策略

问政村具有悠久的历史文化来源和神话故事背景，村内具有许多与历史故事相呼应的建筑或景点，如斩尾龙遗迹和斩尾龙故事，以及延伸发展并传承至今的孝道文化，这些文化历史和故事需要特定的空间场所将文化与自然资源结合，建设村史馆和地方文化馆，展现问政村独特的地域乡村文化。

村庄的建筑并不能完全地根据村民发展的需求给予满足。目前村中缺少公共空间场所满足村民的社交需求和休闲娱乐，文化场所的缺失使村民在进行乡村事务和活动时没有合适的聚集场所。村庄公共空间的缺失可能导致居民社交交流受阻、村庄凝聚力下降、娱乐和休闲选择受限。设计根据居民的兴趣、文化背景和社会特点，为村民提供多样化和有针对性的活动场所，建设村民活动中心和公共广场，满足居民的不同需求和期望。

一、设计原则

本设计方案以发展健康休闲旅游村落为目标，遵循乡村景观经济和生产功能综合最优原则，挖掘并提炼问政村地域性的农耕文化，保护现有的自然资源和生态系统；通过运用当地的材料和设计元素，结合当地的传统建筑风格和文化符号，使设计与问政村的地区特色相呼应；结合问政村的地区特点和需求，配置完善的公共设施建设，创造出与自然环境和文化背景相融合的宜人空间。

二、设计理念

设计方案以遗留历史文化展现为核心，建设现代与传统结合的历史文化展现景观。完善乡村旅游服务功能，提高村庄旅游景观质量，以旅游为牵头带动农产品经济，从而带动村庄经济效益，实现经济与生态的良性循环可持续性发展，继而保护和传承问政村传统历史文化。目标人群锁定亲子家庭和老年游客，依托问政村舒缓的地势和天然的景观环境，植入健康绿色的农产品，实现环境与经济共同发展的健康旅游村落。

总体设计上充分利用山、林、田和道路等因素，在山地上因地制宜，利用高差和地形将项目的愿景合理规划在具有坡度的山地。保存大量的原始景观和乡村肌理，将建筑与自然衔接，构建完整的空间序列体系。

建筑风貌以问政村原始建筑为基础，徽州文化为参考，取材本地，大量保留原始村落建筑，抽象表达原始符号，既传承原有建筑文脉，又满足建筑功能要求。在具有特定功能的建筑组群设计中，注重建筑之间的连接方式和动线规划。统一新建筑和历史遗迹之间的风格，协调新旧建筑的外观。

乡村建筑在展现乡村文化和特定地域、环境和文化背景时，需要通过一些建造手法和材料选择来表现乡村建筑的在地性。问政村独特的传统建筑材料如竹子、夯土等，可以展现问政村的建筑传统和文化特色，具有地域性的材料也反映出乡村地区的自然环境和可持续发展的理念。乡村文化常常有自己的符号和象征，如贡笋文化和三花文化，在建筑中运用这些文化符号可以表达对乡村文化的传承，为乡村地区带来独特的建筑风貌和文化景观。

第三节　方案设计

一、总体布局

对于旅游的发展，问政村具有显著的地理和历史文化背景优势。现状的乡村空间营造活动十分随意，缺少明确的旅游意向线路和空间，因此在进行场地改造项目时，希望可以通过对村落空间的再创造，建设有效的引导与管理，将人工景观与周边自然环境之间的联系统一协调，创造出特色鲜明的景观风貌。

乡村旅游的成功离不开当地居民的参与和支持，因此村庄的功能需求应该鼓励村民参与和互动，设立社区活动中心，建设农产品展示销售中心，让游客有机会了解和购买当地的农产品，让居民与游客能够互动交流，共同参与乡村旅游的发展和管理。

根据村庄及周围自然环境条件，问政村的旅游产业主旨为贴近自然，体验乡村人文气息，从而带动村庄农业经济，增加农产品销售量，宣扬问政村历史和乡村文化。根据条件要求，设计项目计划在设计场地建造两个文化建筑，分别为村史馆和三花馆，同时设置农产品交易长廊、广场和村民活动中心等服务功能空间，保证这些公共服

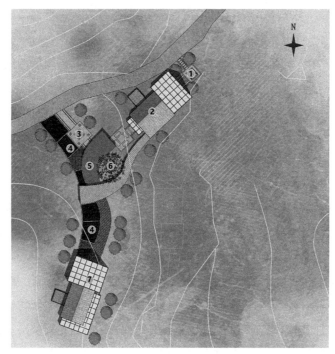

图 11-2　总平面

① 天子问政
② 村史馆
③ 问政广场
④ 三花园
⑤ 问政长廊
⑥ 贡笋园
⑦ 三花馆

务设施既体现乡村区域的文化特色，又与乡村建筑和环境完美协调，形成富有地域特点和艺术美感的造型和景观（图 11-2）。

二、空间格局

原始规划结构较为简单，但具有明显弊端。三花馆和村史馆在村庄主路旁，之间没有道路联通，共享一个通道，入口单一。重新规划根据问政村地形整体布局和地形特点，将用地划分为三个主要功能空间。山顶最高点的平台规划为小广场，位于规划舞台的前方，位于三花馆、村史馆、农产品销售长廊和舞台的中间，为人群提供流散聚集的场地。村史馆在海拔最低处，靠近民居区和道路农产品销售长廊位于村史馆的西南方，占据高差较大的地形，一面紧邻竹海，舞台在紧挨着长廊的东面，再向东跨越最高的山顶是三花馆，周围建筑少而自然景观多，占据较为和缓的地势（图 11-3）。

三个建筑在空间上保持相对的独立，在功能上又互相衔接互相作用，使旅游活动开展在环环相扣的空间中，具有较为完整的旅游环境。

在空间格局的基础之上，细化局部特色，将对原始历史民居的保留融合进新建筑中，使其既不突兀又具有观赏功能，打造属于问政村的独特历史文化氛围。

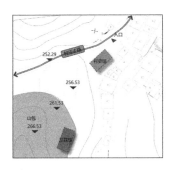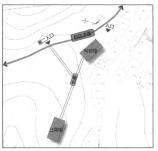

图 11-3　布局调整

三、节点设计

1. 三花馆、村史馆

　　在乡村设置文化展示空间即村史馆和三花馆，灵活利用问政文化和三花文化营造村落文化氛围，展现乡村浓厚的文化历史。在村馆建造方面，添加本土材料和文化，利用竹子和夯土等传统乡村建筑元素展示村落历史和文化底蕴，结合当地的地域特色和自然景观，打造与乡村环境相协调的建筑风格，利用自然材料、绿色植物和景观设计，使建筑与周围自然景观相呼应，营造出宜人的乡村氛围，促进乡村文化的传承与发展。

　　村史馆与三花馆均为东北—西南走向，坐拥极佳的自然景观，于是将东北、西南两面的山墙推倒，嵌入一个透明玻璃盒，让青山和绿林晕染至室内。沿路种植的三花，背后影影绰绰的竹林，均对政竹海花之故名提供了佐证。建筑与景观融为一体，让人们在现代化的建筑中感受历史和自然（图 11-4）。

图 11-4　村史馆效果

　　三花馆内部主要分为三个空间，分别是大堂空间、展陈空间和休息空间。大堂空间位于三花馆的入口，方便为游客进行接待和服务；展陈空间位于大堂空间后面和休息空间前，在游客进入三花馆后可以快捷直接地对问政村的三花文化进行简单了解；最后的休息空间靠近竹林，玻璃框架的现代结构使游客在休息时可以欣赏村庄自然景观，营造出轻松的氛围。

　　三花馆距离主路较远，而且处于一个山包上，与主路高差有10米左右，无法直接连接村主路。在三花馆与村史馆间修建一条长廊，在中间取一点与村主路相连接，可以使三花馆与主路连接，从而形成第二入口（图11-5、图11-6）。

图11-5　三花馆地理位置

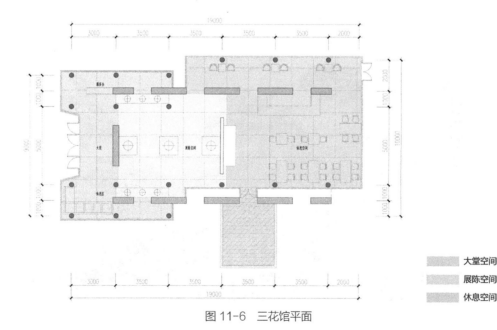

大堂空间
展陈空间
休息空间

图11-6　三花馆平面

2. 问政广场

广场是乡村社区居民进行社交和休闲娱乐的重要场所，对于居民来说，广场承担着社交、休闲娱乐、公共集会和信息交流的功能；对于游客方面，广场还可以作为乡村市场和商业活动的中心，并通过举办各种文化活动成为展示和传承乡村文化的场所。

问政广场在设计场地的建造中起到了集散人群的重要作用，三花馆、村史馆和舞台围绕广场分布。作为村庄中面积最大的广场，问政广场不仅需要在游客游玩时起到集散和提供休息的作用，更是为村民在日常生活中提供休闲娱乐的场地。为了给村民提供一个向外宣传销售农产品的平台，可在广场设置农产品交易场所。农产品交易长廊的位置位于广场的边缘，地形条件的制约使长廊的位置与场外形成高差，容易堆积生活垃圾，且对于空间分割生硬，无法与场外竹林形成良好的衔接。因为有7米的高差，为长廊提供了观景视野，向后眺望观景带，浓密的竹林连绵不绝。舞台位于设计场地中最为平坦的空地上，毗邻村庄主路，在广场对面、主路的另一侧，设置农产品交易长廊，长廊位于三花馆和舞台的连接处，正面向广场，具有绝佳的视野和大人流量的地理位置（图11-7、图11-8）。

图11-7　农产品交易长廊现状

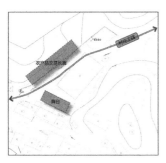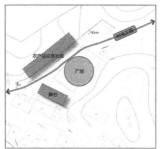

图11-8　农产品交易长廊位置

　　在广场中分为农产品交易长廊、屋顶广场、休闲广场、村民广场、舞台和村民告示栏。从功能分区中可以看出，广场在此扮演了多种角色，在村务活动中，为村民提供活动场地和平台，通过开敞性的空间形态，满足村民对交流空间功能需求，体现出问政文化；在旅游活动中，为游客提供一个休息聚集的场所，为游客停留并且参观提供了停留区间，帮助游客更加了解民风民生，也为游客和村民提供了双向交流互动的场所，便于农产品的展示交易（图11-9）。

　　由于设计场地的地形和位置，农产品交易长廊的下面具有7米的高差，运用高差，将农产品交易放在一层，村民活动中心放在负一层，屋顶与广场联动，形成视觉通廊，在每一层都可以观看美丽的竹景。在地形上通过高差对空间进行充分的利用，为村民建造活动中心，在空间功能上实现了人流的集聚和分散（图11-10）。

　　广场顺应地形，西北侧掀起成人字坡，作为交易长廊的屋顶，西北侧就形成了良好的景观面，铺垫前场氛围，同时承载人群的集散功能。在空间设计上，把原有建筑比较密闭的空间结合现有功能，重新做了梳理与延展。远眺这个建筑，穿过植物景观，能看到它盘绕而下、跃然而上的屋顶和自然的流线迂回，曲面的廊顶造型与作为背景的夯土墙面相映成趣（图11-11）。

　　村民活动中心满足了村民的特殊需求，如培训教育、乡村社区会议与决策、紧急救援和灾害应对等，提供社交、文化、教育、健康等多种功能。合理的布局和位

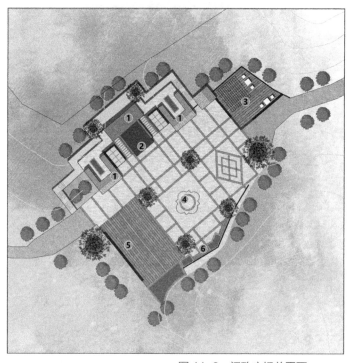

① 农产品交易长廊
② 屋顶广场
③ 休闲广场
④ 村民广场
⑤ 舞台
⑥ 村民告示栏

图11-9　问政广场总平面

图 11-10　农产品交易长廊效果

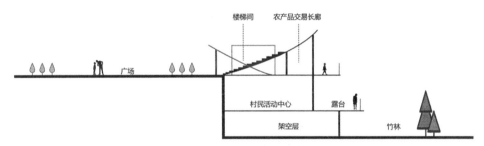

图 11-11　农产品交易长廊与村民活动中心

置使村民更方便使用和参与其中，为村民提供更便利、多样化的活动选择，促进经济发展，有助于提升村民生活质量，改善社区环境，推动村落可持续发展。

第四节　设计亮点

一、问政文化的融入

问政村的问政文化是一种独特的，融合了历史、自然和人文元素的文化形态。它通过多种方式得以展现和传承，成为该村一张亮丽的文化名片。深入挖掘问政文化内涵，以文入景、以景阐文，让文化元素贯穿于村庄建设的各个方面。建设村史馆，利用历史典故、名人名言对房前屋后、街角巷弄进行立面美化嵌入，使得整个村庄呈现出一幅产业兴旺、生态宜居、乡风文明、治理有效、生活富裕的乡村振兴新图景。

在植物的选择上能体现清廉文化，村中景观中种植"三花"（珠兰花、白兰花、茉莉花），山民栽种最多的便是珠兰花，楼房的窗前、阳台上都陈列着一盆盆娇小纯白的珠兰花，每家楼房都有花舍，清明前后，珠兰花从花舍中全部搬出。竹在景观中被作为背景植物，以竹海景观底蕴进一步塑造属于问政村的独特景观（图11-12）。

二、传统建筑构件的保留

设计场地的遗留历史建筑现状已经坍塌损坏，但其独特的材料具有强烈的文化象征意义，具有历史遗留感（图11-13）。三花馆和村史馆的内部保留了老房子的一榀构架，传统和现代两种不同的木构在此相遇，制造出一种强烈的对比。

夯土墙的保留具有直观的历史文化展现效果。原夯土墙的现状并不乐观，墙面倾斜角度较大，最终将山墙面拆除切块做景观造景，而保留侧墙墙面，表面喷涂玻璃水来解决夯土墙面因为历史原因的酥化。建筑外观的改造是室内空间重组的延伸和体现，根据老房的纵向布局，在外墙上做了克制的开窗，尽量保持建筑原有的质朴，新增的玻璃木窗与夯土墙及原有的旧窗浑然一体。村史馆建筑的一侧是传统结构形式，外加玻璃外罩将传统木结构和现代设计手法相结合（图11-14~ 图11-16）。

图11-12　三花景观节点

图 11-13 村史馆建筑现状

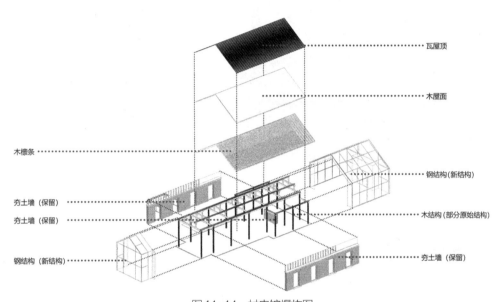

瓦屋顶

木屋面

木檩条

钢结构（新结构）

夯土墙（保留）

木结构（部分原始结构）

夯土墙（保留）

钢结构（新结构）

夯土墙（保留）

图 11-14 村史馆爆炸图

南立面

东立面

北立面

西立面

图 11-15 村史馆立面

图 11-16　室内空间

三、竹材料的运用

通过运用当地材料、借鉴当地传统建筑风格、引用地域色彩与图案，及引入当地工艺等方式，体现建筑材料的在地性。在考虑问政村特色文化的体现方面，设计选择以竹子和贡笋两个本地特产作为建筑表现的文化元素。

在问政村的贡笋文化园设计中，穿过问政广场，映入眼帘的是贡笋园，挺立的贡笋雕塑破土而出，在郁郁葱葱的景观绿植中错落交织，与一旁的三花园相互映衬，让人有良好的游走感。取材本地毛竹，竹子的柔韧与柔和，恰能中和钢结构材质的坚硬与冰冷，廊道的设计不仅取材自本地毛竹，更是将贡笋形文化深深印进人们心中，曲面的廊道设计不仅拉大了视觉效果，在道路指引和视觉指向上也有巨大的效果（图 11-17~ 图 11-19）。毛竹和钢结构的融合，不仅是在效果表现和结构承重中发挥着作用，更代表着现代工艺技术与传统建筑手段的融合，让游客漫游其中的时候，回味历史的浓厚，放眼便捷的未来。

图11-17　廊道设计

图11-18　廊道屋顶

图11-19　廊道空间

参考文献

专著

[1] 费孝通.乡土中国[M].北京：北京时代华文书局，2018.

[2] 骆中钊.美丽乡村建设丛书[M].北京：中国电力出版社，2018.

[3] 翁剑青.景观中的艺术[M].北京：北京大学出版社，2016.

[4] 费孝通.乡土中国[M].北京：中信出版集团股份有限公司，2019.

[5] 王合文，吴卓珈.美丽乡村建设实践图录（浙江安吉 2017）[M].北京：中国建筑工业出版社，2019.

[6] 吕勤智.乡村景观设计[M].北京：中国建筑工业出版社，2020.

[7] 陈前虎.乡村规划与设计[M].北京：中国建筑工业出版社，2018.

[8] 吉鲁特，英英霍夫.当代景观思考[M].卓百会，郑振婷，郑晓笛，译.北京：中国建筑工业出版社，2019.

[9] 程大锦.建筑：形式、空间和秩序[M].刘丛红，译.天津：天津大学出版社，2008.

[10] 杜威索尔贝克.乡村设计一门新的设计学科[M].奚雪松，黄仕伟，汤敏，译.北京：电子工业出版社，2018.

[11] 张泉，王晖，赵庆红，等.村庄规划[M].北京：中国建筑工业出版社，2011.

[12] 张建，赵芝枫，郭玉梅，等.新农村建设村庄规划设计[M].北京：中国建筑工业出版社，2010.

[13] 龙花楼.中国乡村转型发展与土地利用[M].北京：科学出版社，2012.

[14] 国安辉，张二东，等.村庄建设规划设计[M].北京：中国农业出版社，2009.

[15] 方明，薛玉峰，熊燕.历史文化村镇继承与发展指南[M].北京：中国社会出版社，2006.

[16] 邓蓉，胡宝贵.新农村建设中的农村产业发展研究[M].北京：中国农业出版社，2008.

[17] 赵兴忠.农村基础设施建设及范例[M].北京：中国建筑工业出版社，2010.

[18] 陈修颖，周亮亮 . 乡村区域发展规划：理论与浙江实践 [M]. 上海：上海交通大学出版社，2019.

[19] 张鸽娟 . 乡村环境设计理论与方法 [M]. 北京：中国建筑工业出版社，2022.

[20] 杨冬江，张熙，石硕 . 无锡市乡村建设美学导则 [M]. 北京：中国建筑工业出版社，2022.

期刊

[21] 朱苾贞，刘松涛 . 1980 年全国乡村住宅设计竞赛天津三号方案（全国农村住宅设计方案竞赛作品选登）[J]. 建筑学报，1981，（10）：3–19.

[22] 全国村镇规划竞赛部分优秀方案简介 [J]. 建筑学报，1984，（6）：8–18.

[23] 马思然，王志刚，张颀 . 设计的工具——基于传统聚落及民居空间形态研究的新乡土建筑设计 [J]. 新建筑，2017，（6）：66–69.

[24] 赵永浩 . 新乡土建筑 [J]. 南方建筑，2005，（5）：113–115.

[25] 章莉莉，陈晓华，储金龙 我国乡村空间规划研究综述 [J]. 池州学院学报，2010，24（6）：61–67.

[26] 信桂新，杨朝现，魏朝富，等 . 人地协调的土地整治模式与实践 [J]. 农业工程学报，2015，31（19）：262–275.

[27] 聂影 . 乡村景观重构与乡村文化更新 [J]. 创意与设计，2019，（6）：12–24.

[28] 陈秧分，王国刚 . 乡村产业发展的理论脉络与政策思考[J]. 经济地理，2020，（9）：146–151.

[29] 孔祥智 . 乡村振兴："十三五"进展及"十四五"重点任务 [J]. 人民论坛，2020，（11）：39–41.

[30] 屈学书，矫丽会 . 乡村振兴背景下乡村旅游产业升级路径研究 [J]. 经济问题，2020，（12）：108–113.

[31] 安晓明 . 新时代乡村产业振兴的战略取向、实践问题与应对 [J]. 西部论坛，2020，（11）：38–47.

[32] 王文生 . 低技影响下的新乡土建筑设计解读 [J]. 建筑与文化，2022，（2）：127–130.

[33] 王博峰 . 美丽乡村建设背景下乡村景观规划设计问题研究 [J]. 农业经济，2022，（4）：71–73.

[34] 黄匡时，萧霞 . 我国乡村人口变动趋势及其对乡村建设的影响 [J]. 中国发展观察 2022，（6）：50–54.

[35] 陈晓宇 . 乡村振兴背景下的农村住宅空间更新设计研究 [J]. 山东农业工程学院学报，2022，39（10）：92–96.

[36] 沈唯 . 乡村振兴战略下的上海乡村景观空间形态设计研究 [J]. 艺术与设计（理论），2022，2（11）：66-68.

[37] 邱嘉杰，唐洪刚 . 乡村振兴下的乡村闲置建筑更新改造设计研究 [J]. 水利技术监督，2023，（3）：195-200.

[38] 樊冰，周晓航，朱佳宾，晋志锋，杨晓波 . 乡土材料在乡村景观设计中的应用 [J]. 现代园艺，2022，45（24）：140-142.

[39] 张信，张明生，黄河啸 . 美丽乡村打造后续经营村庄实践模式探索 [J]. 浙江农业科学期刊，2020，61（8）：1491-1495.

[40] 张立勇 . 水系连通及水美乡村建设景观人文设计实践 [J]. 绿色科技，2023，25（9）：13-17.

[41] 常纪文 . 山水林田湖草一体化保护和系统治理——湖南省宁乡市陈家桥村的案例经验与启示 [J]. 中国水利，2023，（4）：6-9.

学位论文

[42] 朱金良 . 当代中国新乡土建筑创作实践研究 [D]. 上海：同济大学，2006.

[43] 郭标 . 利川市山地乡村景观资源的保护与开发研究 [D]. 武汉：华中农业大学，2007.

[44] 于潇倩 . 乡村生态旅游景观研究——以太谷县任村乡五村生态旅游规划为例 [D]. 太原：山西大学，2009.

[45] 辛泊雨 . 日本乡村景观研究 [D]. 北京：北京林业大学，2013.

[46] 李邦铭 . 马克思恩格斯城乡关系思想及其当代价值 [D]. 长沙：中南大学，2012.

[47] 张娟娟 . 回族文化对宁夏限制开发生态区发展的影响——以隆德农村为例 [D]. 银川：宁夏大学，2015.

[48] 马睿 . 建国后中国乡村建设实践的历史演进研究 [D]. 天津：河北工业大学，2015.

[49] 翟健 . 乡建背景下的精品民宿设计研究 [D]. 杭州：浙江大学，2016.

[50] 谷淑阳 . 莆田市武盛村（局部）美丽乡村规划设计 [D]. 福州：福建农林大学，2016.

[51] 杨峦 . 新乡土建筑选材策略研究 [D]. 长沙：湖南大学，2019.

[52] 段玉洁 . 乡村振兴战略背景下重庆农村养老问题研究 [D]. 重庆：西南大学，2019.

[53] 杨刘毅 . 当代中国新乡土建筑设计研究——以浙江地区为例 [D]. 泉州：华侨大学，2020.

[54] 刘玉鹏 . 乡村振兴背景下乡村公共空间微更新设计研究——以东李村、青山村

美丽乡村示范村为例 [D]. 武汉：长江大学，2020.

[55] 曾可晶. 中国近代以来乡村设计思潮初探 [D]. 长沙：湖南大学，2020.

[56] 王善强. 绍兴市杨汛桥镇农业从业人员心理与行为干预对策研究 [D]. 淄博：山东理工大学，2020.

[57] 禹常乐. 传播学视域下的新乡土建筑设计研究 [D]. 长沙：湖南大学，2022.

论文集

[58] 雷雅琴. 第九章乡村振兴战略下的传统村落旧建筑空间更新改造研究：中国设计理论与乡村振兴学术研讨会——第六届中国设计理论暨第六届全国"中国工匠"培育高端论坛论文集 [C]. 江苏：南京林业大学，国家社科重大项目《中华工匠文化体系及其传承创新研究》课题，2022.

[59] 孔祥伟，李国栋，刘玉龙，王稳，林丽聪，滕欣，徐景安，王梓亦，郑亚凯，庞亮亮，肖天艳. 凤凰措艺术乡村——废弃村落的再生营造：2018 世界人居环境科学发展论坛（冬季）论文集 [C]. 北京：世界人居（北京）环境科学院，2018.

电子公告

[60] 住房和城乡建设部办公厅，财政部办公厅. 关于做好传统村落集中连片保护利用示范工作的通知 [EB/OL].（2023-04-27）[2024-06-02]. https：//www.mohurd.gov.cn/gongkai/zhengce/zhengcefilelib/202304/20230427_771342.html.

[61] 住房城乡建设部，文化部，国家文物局. 关于做好中国传统村落保护项目实施工作的意见 [EB/OL].（2014-09-12）[2024-06-02]. https://www.mohurd.gov.cn/gongkai/zhengce/zhengcefilelib/201409/20140912_218993.html.